申俊霞　编著

happy

你若不改变
谁替你快乐

沿　途　就　是　风　景

你笑了，并不代表一定快乐，因为你可以伪装。

你沉默，并不代表你不想说话，

也许你的心里一直在默默地说。

Niruo Bugaibian Shuitini Kuaile

煤炭工业出版社
·北京·

图书在版编目（CIP）数据

你若不改变，谁替你快乐/申俊霞编著 . －－北京：
煤炭工业出版社，2018（2022.1 重印）

ISBN 978－7－5020－6471－6

Ⅰ . ①你⋯ Ⅱ . ①申⋯ Ⅲ . ①人生哲学—通俗读物
Ⅳ . ①B821－49

中国版本图书馆 CIP 数据核字（2018）第 015223 号

你若不改变 谁替你快乐

编　　著	申俊霞
责任编辑	马明仁
编　　辑	郭浩亮
封面设计	浩　天
出版发行	煤炭工业出版社（北京市朝阳区芍药居 35 号　100029）
电　　话	010－84657898（总编室）
	010－64018321（发行部）　010－84657880（读者服务部）
电子信箱	cciph612@126.com
网　　址	www.cciph.com.cn
印　　刷	三河市众誉天成印务有限公司
经　　销	全国新华书店

开　　本	880mm×1230mm$^1/_{32}$　印张　8　字数　150 千字
版　　次	2018 年 1 月第 1 版　2022 年 1 月第 4 次印刷
社内编号	9351　　　　　　　　　定价　38.80 元

前　言

态度决定人生

有什么样的心态，就有什么样的人生。

一个人是否能在激烈的竞争中获得最终的胜利，最重要的不是他的个人能力和经验，而在于他的态度。

成功者相较于失败者，最大的区别就在于前者以一种积极乐观的态度去对待人生中各种莫测的际遇，而后者却用一种消极悲观的态度来面对一切。很多事情就是这样，同样一份工作，当你用不同的态度去对待时，产生的结果就会截然不同。正如一位哲学家所说："成功与否并不取决于我们是谁，而取决于我们持有怎么样的态度。"

每个人的人生历程都不可能一帆风顺，难免会遇到各种失败和挫折，如何对待失败和挫折，对于每个人来讲都将是考验。很多人都追求成功而害怕失败，一时失败就会表现出一副愁眉不展的样子。实际上，失败并不可怕，关键是你对待失败的态度是怎样的。

用乐观的心态来排除一切阻碍我们前进的障碍；坚定自己战胜挫折的信心和勇气；向着目标努力奋斗。而保持这种态度需要充分地发挥自己的意志力，把阻碍我们的困难与挫折当作是一次挑战和考验。

人的一生不可能是风平浪静、一帆风顺的，如果真有这样的人，那么他也并不快乐，因为他失去了做人的真正意义。由于在我们的生活中会遇到许多的坎坷和困难，所以我们需要勇敢地去进取、去面对，若不去正视与克服这些关隘，就会彻底地堵塞通往成功的大路，而克服这些困难就需要我们具备这种知难而进的精神，如果具备了这样的精神，那么我们通向成功的必经之路也就为之打开了。

上天是公平的，成功也是公平的，没有谁的一生永远是平安、幸福的，也没有谁的一生永远是挫折、贫穷的。在我们的成长过程中，常常会面临着成功、失败、就业、创业、晋升等问题，但是不管怎么样，我们都需要以一种积极乐观的态度来迎接困难的挑战，只有这样我们才会得到成功的青睐。

目 录

|第二章|

良好的心态

|第四章|

懂得进退

|第五章|

善于变通

|第七章|

优秀的品质

第一章

改变自己

做人不要太随和

做人随和是一件好事，这种生存态度是一种明智而快乐的，但不是在所有情况下都可以用这种生存方式加以处理。必要的情况下要让自己的态度强硬一点儿，这样才不至于被他人看轻，才有能力担当起重大的责任。

看过小品《有事您说话》的人大概对故事里所反映的那一类太随和的人物都有一种难以言表的不屑，这就是人们对于那些太随和的人的普遍心理。而主人公又有什么心理呢？无奈和疲惫。也就是说，他们的太随和一方面让自己不舒服；另一方面给人一种"软柿子好捏"的印象。所以，这并不是一种最好的处世方式。

生活在这个丰富多彩的世界里，各种各样的人物都有，所以我们应该学会适应、学会处理与许多人之间的关系，做一个刚柔并济的人，而不是为了适应所有人，一味地顺从所有人的意志，要学会"硬"对有些人。"硬"对有些人虽然肯定会惹人讨厌，但在某些情况下没有这种威势就无法实现目的，要知道不是所有人都能理解你的"软"方式。尤其是在工作中许多人都是非驱策不可的，如果你是一个公司主管，"硬"会远比偏"软"更能统领下属高效率的工作。

　　还有一点是那些太随和的人倾向于对人堆笑脸，不愿意给人脸色，以至给人阿谀奉承的感觉，而"硬人"反而可以塑造出一个严肃、令人肃然起敬的形象。这样自然也就少了许多不必要的被纠缠的麻烦。所以说，我们不是一定要做一个不通情理的人，但基于需要，必要时必须做到"硬"对某些人和某些事。

　　在这个社会中，大家还是喜欢随和一点儿的人，也欢迎随和一点儿的人。因为随和一点儿的人能够考虑到别人的自尊心和感受，不会轻易伤害到别人，甚至有时还会为了别人而让自己吃亏。但是太随和往往就成了"滥好人"，成了没有原则的人。这样的人很容易被别人利用，甚至帮坏人做了坏事。因此，做好人是值得肯定的，但做一个"滥好人"就不值得肯定了。

　　因为，"滥好人"没有原则、没有主见，不能有原则有思想地做事，这种人不知是性格因素，还是有意地去讨别人的

欢喜，总之是有求必应，从来就不会拒绝。当然，他们有时
也想坚持，可是一看到别人不高兴了，就会马上软下来。因为
缺乏主见，导致是非不分，当事情不能解决的时候，就只能
"牺牲"自己来"成全"别人，这种"滥好人"得到的效果和
"好人"是不同的。人们在颂赞"好人"的"好"时，还带着
几分尊敬。但对于"滥好人"的评价则不然，他们给人的印象
是"不能担大任"，而且别人因为深知他的弱点，甚至会算计
他、陷害他，到最后别人都得到了好处，唯独这个"滥好人"
成了牺牲品。所以，做人一定要有原则，不要一味地做好人让
自己受苦，还容易在别人面前失去尊严和威仪。

不卑不亢做人

在生活中，如果你不能勇敢地坚持自己的做法，总是卑躬屈膝地委曲求全，那别人当然就更有理由不把你的尊严放在眼里。所以，无论做人还是做事，不要把自己当成一个可以任人随意摆布的玩偶。你可以在大多数的时候谦让别人，但在遇到原则问题时，一定要坚守自己的立场，做一个不卑不亢的人。

我们的为人处世如果能够做到不卑不亢这一步，就是一种做人的成功。事实上，只要我们做到不卑不亢地对待周围的所有事，就可以收到这样的效果。所以，只有你的坚持和你的独立才可以让你活得更有价值。如果你拿自己的尊严换取别人的给予，到最后只能是一无所有，而且这样做的结果只会让你赔了夫人又折兵。

曾经听过这样一个故事，从前，有一只老鼠生了一个漂亮的女儿，因为它的女儿太漂亮了，所以，这个女孩子绝对不愁嫁，但是这个老鼠父亲却总想让自己的女儿嫁给一个有权势的人物，为此它奴颜婢膝地以自己女儿的美貌劝说他中意的对象。

它看到太阳很伟大，就巴结太阳说："太阳啊！你多么伟岸、能干，万物没有你，根本就无法生存。我想请求您，就娶我漂亮的女儿做妻子吧！"

太阳客气地回答："我不行，因为乌云能遮住我。你把女儿嫁给乌云吧！"

于是，老鼠又去找乌云，说："乌云啊！你的本领神通广大，我真的非常敬慕你！你就娶我的女儿做妻子吧！"

乌云说："不行，我的本事还比不上风呢！风一吹，我就被吹跑了。"

老鼠一听，原来风比乌云更有本事，便找到了风。可是，风也紧锁双眉对它说："谁稀罕你的女儿！再说了，我的本领不如墙大，你去找墙吧！"

老鼠又决定去找墙，但墙却哭丧着脸说："我不配做你的女婿。我最怕你们这些老鼠啦！你们一打洞，我就危险了。这一点别人不了解，难道你不清楚吗？"

老鼠一想，墙怕老鼠，老鼠又怕谁呢？它忽然想起了祖宗的古训：老鼠天生是怕猫的。于是，它赶紧去找猫，点头哈腰地说："猫大哥，我总算相中你了。你聪明、能干、有本事、有权威，你就做我的女婿吧！"

猫一听，倒是爽快地答应了："太好了！就把你的女儿嫁给我吧。最好今晚成亲！"

老鼠一听，感到猫大哥真不愧是有魅力、有作为的男子汉，心想总算给女儿找到了一位好郎君。它喜滋滋地回家去，大声对女儿说："我终于给你找到好靠山了！猫大哥最有权势，你可以一辈子享福了！"

当晚，老鼠就把女儿打扮起来，请来一群老鼠仪仗队，一路上吹吹打打，用花轿把女儿送到了新郎的家里。

猫一看，老鼠新娘来了，不禁喜出望外。等花轿进了门，新娘还没来得及下轿，猫就急不可待地掀开帘子，扑了进去，一口将可爱的新娘吞到了肚里。

人们经常感叹社会的不公平，觉得强者总能占据优越地位，弱者唯有依附强权才有立锥之地。但我们有必要反思一下

自己为什么就只能做一个弱者？如果你发现自己常常为了某种
目的扮演违心的角色，那么你就不要指望别人对你的态度会有
所改变，而是要自己拒绝去扮演那种依附于人的角色。因为别
人不尊重你的人格，总是要求你百依百顺，那是你自己一味忍
让的结果，是你太随和的结果。

　　我身边有一个女子是一个很没有主见的人，结婚前所有的
事都听从父母的安排，结婚后碰到一个专横而又冷酷无情的丈
夫，开始时她对丈夫的辱骂和摆布忍气吞声，慢慢地就连她的
孩子也对她不尊重了。时间长了，她实在受不了家人的折磨，
就打算回娘家不再回去，她娘知道了这一情况后，就告诉她不
要以为一直屈服于自己的丈夫就可以换回自己可怜的尊严。其
实，造成这样的局面，主要是由于她的逆来顺受和忍气吞声。
是她，在无意中教会丈夫这样对待她，她必须从自己身上寻求
解决问题的方法。于是，她学会了理直气壮地和丈夫抗争，然
后拂袖而去。当孩子对她表现出不尊重的时候，她坚决地要求
孩子有礼貌。当她采取了这种新态度后，她发现家人对她的态
度发生了很大的变化，她确实体会到是自己教会别人怎样对待
自己的。

言行谨慎、心性懦弱的人以为斩钉截铁、干脆明确地说话和行动将会令人不快，或者是一种不礼貌的行为。其实不然，这样做意味着大胆而自信地表明你的权利和人格，或是声明你有不容侵犯的立场。当你碰到专横跋扈的欺人者时，你更该冷静地指明他们的言行不合情理，是不能接受的。这样你才能获得他们的尊重。

学会以柔克刚

在生活中，我们要学会以柔克刚这种生活方式，只有学会运用这种生活方式，我们的生活才会快乐很多。在这一点上，古代的老子早就有一段精彩的演示来说明这个问题了。

很久以前，孔子曾问礼于老子，后来孔子门徒与老子门徒不和，老子的门徒发脾气说："你们的老师，尚要请教我们的老师，你们算什么？"但孔子的门徒较有学问口才，老子的门徒辩不过他们，就到老子那里告状，已经没有了几颗牙齿的老子为了教育这些学生就把口张开问道："我的舌头在不在？""在。""我的牙齿在不在？""有的没有了。"老子的意思是说，牙齿钢硬，却不能永存；舌头柔软却安然无恙；这就是柔能克刚的道理，他意在教导门徒遇事要柔和，以柔和的方式说服别人才能使人心悦诚服。

老子说："人活着的时候，身体是柔软的，死了以后身体就变得僵硬。草木生长时是柔软脆弱的，死了以后就变得干硬枯槁。所以刚强的东西属于死亡一类，柔弱的东西属于生长一类。"天下最柔弱的东西，可以攻入天下最刚强的东西里面去，可以说是无孔不入。弱胜过强，柔胜过刚，这个道理普天之下没有谁不知道，就是没有人去实行。

因此，最柔弱的东西可以克制最刚强的东西。石头是很硬的，水是很柔软的，然而柔软的水却穿透了坚硬的石头，这其中的原因无他，唯坚持而已。当所有人都在说你是疯子时，你在坚持！当周围人都离你而去时，你还在坚持！甚至当你即将没有任何希望时，你还在坚持！你就一定会成功地达成你的目标！

韩国足球队为什么能冲入世界杯前四强，韩国教练说："我绝对不会说：这样足够了，或已经没有办法了这样的话，我要求队员们努力，努力，再努力，坚持，坚持，再坚持。"

足球的管理和企业管理实际很相似，"韩国足球"正像世界所有成功的企业一样，有幸遇到了一位"坚持"达成目标的"魔鬼CEO"希丁克，加上愿为团队目标不惜牺牲自己的"跑不死"的伟大球员们，韩国足球队不成功——天地难容！

记住这句话：再长的路，一步一步总能走完；再短的路，不去迈开双脚将永远无法到达。再多一点儿努力，多一点儿坚持，你会惊奇地发现：空气里到处都穿行着绚烂的成功之花。

20多年前，江宁金箔锦线厂在南京还是一个名不见经传的手工小作坊：固定资产只有38万元，年产值只有175万元，是当地一家特困企业。

20年后的今天，那家小小的手工作坊已经发展壮大成今天的南京金箔集团，是全国闻名的企业。年产值10亿元，年创税利1亿多元。其中，金箔70%用于出口，畅销世界24个国家和地区，占国际市场份额40%，被国家认定为高新技术企业，成为世界免检产品，真正成为世界"金箔王国"！

这一"金箔王国"的缔造者就是江宝全。这位1946年生于安徽和县的孤儿，现已成为全国"五一劳动奖章"获得者，江苏省人大代表，中国包协第六届理事会副会长，南京市企业家协会副会长，南京金箔集团党委书记、董事长兼总裁。

在记者采访这位王国的缔造者时，问他："你是怎么取得这么大的成就的呢？"江宝全这样回答："认准一条路，走到底就能成功。"

这就是以柔克刚所体现的一个成功事例。曾国藩，虽居功名富贵之巅，却能全身而退。在处理天下大事时也能够游刃有余。用他的话说就是："做人的道理，刚柔互用，不可偏废。太柔就会萎靡，太刚就容易折断。刚不是说要严厉残暴，只不过强骄而已。趋事赴公，就需强骄。争名逐利，就需谦退。"这是他一生为人处世的成功之所在。

刚而能柔、柔而能刚；强而能弱、弱而能强，这四条大则可以治国，小则可以立身。一个懂得运用这些原则的人就一定会是一个智者。

改变自己

当上帝把我们放在人间，就是要让我们先学会改变自己，否则永远都别妄想得到自己希望的那块面包。所以请记住：改变自己会痛苦，但不改变自己会吃苦。

在我们的人生历程中，很多人都会有过这样的事情：因为受自己出身环境的限制，而不敢去梦想非凡的成就；因为没有高学历，而不敢立下宏伟大志；因为自己的无知，而不愿去打开心扉，去追求更美好的生活。可是如果你不主动去打破生命的僵局，你就无法改变你的人生。因此，你想要有所成，就要率先改变自己。

法国大哲学家伏尔泰是一位性格倔强而又放荡不羁的人，他总喜欢辛辣地讥讽别人，也正是这种讥讽嘲弄人的习惯，他得罪了许多人。

1717年，伏尔泰因为讥讽摄政王奥尔良公爵，被囚禁在巴士底监狱长达11个月之久。出狱后，吃够了苦头的伏尔泰才终于知道此人不可冒犯，便上门去感谢这位让他蹲了监狱的公爵。而摄政王当然也深知伏尔泰的影响力，也想借此机会和他好好沟通一番，以便化干戈为玉帛。于是，两人在极为友好的气氛中，讲了许多恰到好处的抱歉和谦让之词。在最后的时刻，伏尔泰站起身对公爵说："陛下，有一件事我还要感谢你一下，那就是您为我免费解决了那么长时间的食宿问题。"

奥尔良公爵听了一愣："好好的你怎么又提这些不愉快的事了？"

"在我向您表示再次感谢的同时，请您不必在这件事上为我操心啦。"伏尔泰接着说。

奥尔良公爵怔在当场，哭笑不得。

事后有人问伏尔泰："按理说你两人已经前嫌尽释了，您怎么又画蛇添足呢？"

"你这样问我，我又去问谁呢？改变自己真是太痛苦了。"伏尔泰愤愤地说。

是的，江山易改，本性难移。不是所有的人都能够做到改变自己，即使他们知道自己的性格缺点妨碍了他们的成功，他们也不愿意让自己忍受难以承受的心理折磨来换得一生的成功。所以，这个世界上能够成功的人总是凤毛麟角，少之又少。其实，如果你研究那些已经成功了的人就会发现，他们也不是一开始就具备了所有的成功品质。他们也是在经历了痛苦的挣扎之后，才改变了自己的命运。

中国的产品推销大王王力一开始进入一家销售公司时，因为业绩太差所以穷得连吃饭的钱都没有，而且每天都只能露宿桥洞，过着乞丐般的生活。有一天，他向一位老者推销自己的老年保健品，等他详细地说明之后，老者毫不客气地说："你说了这么多，可是我没有任何购买愿望。因为，当你与我这样相对而坐时，一定要具备一种强烈吸引我的魅力，你才能够让我注意到你，对你和你的产品有一点儿兴趣。如果你做不到这一点，你将来必定没有什么前途。"

看着王力瞠目结舌的样子，老者又说："年轻人，先努力改造自己吧!"

"改造自己？"

　　"是的，要推销产品就必须先要让人对你感兴趣。"

　　"请问我该如何做呢？"王力迫不及待地问道。

　　"那就要先从你的客户开始，你诚恳地去请教他们，请他们帮你找到答案。"

　　王力听了老者的话如醍醐灌顶，他开始认真地反省和改造自己。每一次的改变他都有被剥了一层皮的感觉。但是，每改变一次，他都发现自己的销售成绩都提高了一点儿。后来，他发现自己的其他缺点都有所改变，唯有面部表情是自己一直都难以改变的。最后，他一有空就对着镜子反复练习微笑，直到镜中出现最真诚的笑容为止。功夫不负有心人。有一天，他终于明白了自己该以什么样的笑容面对客户了，他的销售业绩也就随之高踞公司榜首。

　　所以说，一个人的命运是掌握在自己手中的。如果你的心灵之门不打开，就无法改变既定的局面。

相时而动

　　无论做什么事，主客观因素的齐备才会使事情做到圆满和成功。所以，我们一定要学会灵活，学会分析局势，学会找最好的时机让自己成功。

　　做所有的事都需要审时度势，以变化的眼光预测事物的发展方向。只有具备了这种灵性的人才会在最大限度内完成自己的目标，实现自己的价值。但在现实生活中，还是有很多人固执己见，不愿改变自己。正因为他们常常坚持自己的观点，朝着错误的方向走，从而使他们的思想如同顽石一样不知道变通，最后仍然一无所有。

　　世界上许多成功的人，大多都会审时度势，能在最佳的时机出击。

　　相传姜子牙的先祖本是个贵族，在舜帝时做过官，而且屡

立战功，被舜封在吕地（今河南南阳），所以又称吕尚。但到了姜子牙出世以后，家境已经败落，成了普通的贫民，姜子牙年轻的时候干过屠夫，也开过酒店卖过酒。

但姜子牙人穷志不短，无论宰牛也好，还是做生意也好，姜子牙用了几十年的工夫，勤学苦读，孜孜不倦地研究探索，可谓上通天文，下通地理，学识渊博。尤其对历史和时势的研究更是驾轻就熟，他始终勤奋刻苦地学习天文地理、军事谋略，研究治国安邦之道，期望能有一天为国家施展才华。姜子牙在世的年代，正是殷商走向衰亡、地处商朝西部的一个属国周逐渐上升的时期。

姜子牙听说周伯姬昌施行仁政，国内经济发达，政治清明，社会稳定，大得人心，便很想乘着这个兴周灭商的机会一展雄才大略。而此时姬昌也正在为治国兴邦而广揽人才，于是姜太公便下定决心投奔周，于是，不辞劳苦地来到了周的领地渭水之滨，终日以钓鱼为生，但他其实是在观察世态的变化，寻找大展宏图的机会。

据说，姜子牙在渭水之滨钓鱼用的是直钩，后来他被姬昌请去，当了太师，这时他的厚积薄发才有了施展的舞台。对内，他制定了一系列发展经济的政策，调动了农人在官田上努力生产、官吏们自觉地搞好本人分地生产的积极性，极大地促进了生产力的发展，为有朝一日兴兵伐纣奠定了稳固的经济基础。对外，姜子牙协助姬昌实行韬光养晦、孤立瓦解的政策对待商王。他表面上表现得谦和恭顺，使商王误以为周是最可靠的属国，姬昌是位忠心的臣子。而姬昌在暗中却采取种种手段，拉拢争取殷商王朝的其他属国，使殷商越来越孤立，结果许多诸侯国和部落陆陆续续地弃殷而投周。到了后来，殷商虽名为天子，而真正附属于他的属国、部落却连三分之一都不足了。这样就为最后消灭纣王创造了有利的外部条件。可惜的是，姬昌未能实现灭纣的愿望，便撒手归西了。

文王（姬昌死后被追封为周文王）死后，他的儿子姬发继位，这就是周武王。姬发继位后，继续为兴周灭商而努力，他拜姜子牙为国师，并号称为师尚父。姜子牙也不改初衷，继续全力辅佐姬发以图大业。

有一天，武王姬发问姜子牙："我打算减轻刑罚而又能树立我的权威，少施行一些赏赐而又能使人们从善，少颁布一些政令法规而民众又都能自觉按一定的规范行事。请问师尚父，怎样做才能实现这一点呢？"

姜子牙说："如果你杀了一个人就能使一千个人害怕而不再犯罪，杀两个就能使一万个人害怕而不再犯罪，杀三个人就能使三军军威大振，那么你就把他们杀了；如果你赏了一个而使一千个人高兴，赏两个人而使一万个人高兴，赏三个人而能使三军上下都高兴，那么你就赏他们；如果你能通过法律条令约束了一个人而使一千人遵照执行，那么你就用这法律法令去约束他；如果你能通过禁止两个人的错误行为而使一万个人不再去做，那么你就去禁止；如果你能通过教育三个人而使三军上下都受到教育，那么你就去教育。总之，能够杀一个而惩戒上万人，赏赐一个而激励更多的人，这才是有道明君的权威、幸福之所在啊！"

武王姬发听了，顿开茅塞，照着姜子牙的话去做，时时慎于刑赏，力求令行禁止，使周朝的政治更加清明，背叛殷商而依附周室的人越来越多，出师伐纣的日子已经指日可待了。这时周朝已羽翼丰满、国势日隆，而殷商王朝已出现了土崩瓦解之势。

特别是殷商王朝统治集团内部发生了忠臣良将被杀的被杀，被囚的被囚，外逃的外逃，降周的降周。姜子牙审时度势，认为伐纣的时机已到，便亲任主帅统领大军以吊民伐罪为号召，联合诸侯各国出兵直取商都。

经过牧野一战，大败商军，迫使商纣王连夜出逃，与妃子妲己投火自焚于鹿台。中国历史上的殷商王朝至此也便宣告灭亡了，姜子牙终于完成了扶周灭商的宏图大业。

由于姜子牙在兴周灭商中建有殊功，武王姬发把姜子牙封到了齐地，成为周代齐国的始祖。

姜子牙励精图治，终将齐国治理成为春秋战国时期五霸七雄中的强国之一。在整个兴国战略中，姜太公如果不能根据局势相时而动，即使是他有治国的才略也不会被人发现，更不会引导一个小国逐渐发展壮大。

变与通的别样境界

人一定要懂得在适当的时候变通，无谓的坚持是没有意义，也没有价值的。

纵观人情世故、人生百事，变则通，通则久。任何事都没有固定的规则可循，要让自己永远处于主动地位，驾驭事态发展，以实现既定目标，就必须要学会灵活变通。

水逢绝境则转，人逢绝境则变。在选择坚持和变通的过程中，智者选择变通，而傻子选择坚持。所以，傻子是"死水"，智者是"活水"。其实，不知变通的人不是不会变通，而是不愿变通，他们死守着自己认为对的东西，得到的结果往往是事与愿违。所以，选择坚持还是变通，一定要灵活对待，展现你应有的机智。

宋代罗大经在《鹤林玉露·临事之智》中云："大凡临

事无大小，皆贵乎智。智者何？随机应变，足以得患济事者是也。"他的意思是说：智者便是能随机应变、相机行事之人。

我国唯一的一位女皇在那个男尊女卑的社会之所以能够位列九五之尊，取李唐江山而代之，就是因为她善于机变、巧于应对，这位女皇就是武则天。

武则天14岁被太宗召选入宫，因为善于应对，不久便被封为才人，又因性情柔媚乖巧，被唐太宗昵称为"媚娘"。当时宫里观测天象的大臣纷纷警告唐太宗，说唐皇朝将遭"女祸"之乱，唐太宗为江山着想，把武姓之人逐一进行了处置，但对于武媚娘，却不忍有所动作。太宗逐渐年老体弱，而武则天此时风华正茂，一旦太宗离世，她将陷入绝境。但是，我们知道，太宗死后她并没有被作为殉葬品被处决，而是在白马寺出家，她的这一变不仅打消了太宗的疑虑，还为自己留了后路。

当时，武媚娘拜谢而去时，唐太宗还自言自语道："天下没有尼姑要做皇帝的，我死也可安心了。"所以，在当时的太宗看来，李唐的江山不会有危险了。但是，他并不知道，武则天是一个何等机警的人物，只要有一线生机，她就可以创造奇迹。李治与武则天分别的时候对她呜咽道："卿竟甘心撇下我吗？"媚娘满脸无奈地忧伤，她回身仰望太子，叹了口气说："主命难违，只好走了。""了"字未毕，泪雨已下，语不成声了。太子道："你何必自己说愿意去当尼姑呢？"武媚娘镇定了一下情绪，把自己的心思告诉了李治："我要不主动说出去当尼姑，只有死路一条。留得青山在，不怕没柴烧。只要殿下登基之后，不忘旧情，那么我总会有出头之日……"太子李治解下一个九龙玉佩，送给媚娘作为信物。太子登基不久，武则天很快又被召回宫中，并为自己以后的登基一步步地做着准备。

从武则天这些举动来看，她的聪明之处在于能够因时因事而动，她才能够成为中国历史上声名赫赫的一代女皇。

所以说，做任何事都应该有前瞻性，都应该站在潮头引领潮流动向，而不是只会跟着潮流走。因为能够站在潮头的人可以看到事情的发展动向，在事情还没有发生时就已经具备了主动权，做好了应变的准备，而赶在潮流末端的人就像是一个被蒙了双眼的瞎子，只能被牵着鼻子走。当别人看到悬崖撒手时，他就只能掉下去。生活中的许多人都曾是这样的牺牲品，尤其是那些思路狭窄、不懂掌握态势的人就更容易成为这样的牺牲品。

　　2010，红极一时的"掉渣饼"在京城的大小街巷铺天盖地地展开了连锁攻势。于是，便有了一大批"掉渣饼"的追随者想趁着这股东风赚足自己的腰包。可是没有几天"掉渣饼"就因种种原因突然间消失得无影无踪。且不说它的经营模式有何缺陷，就以一个旁观者的角度而言，当京城的大街小巷中，"掉渣饼"的加盟店十步之内就会有一家的时候，这种繁华可以证明它有一定的市场优势，但也可以证明这种繁华的背后是市场的饱和和经营链条断裂的危险，而当时的许多人只看到了前者而没有看到后者，在最危险的时候，还是蜂拥而上，最后得到的却是输的结果。而那些尽早撤资的人不仅没有输反而获利不少，像这类人就是站在潮头的人。

　　生活中的许多道理其实都是相通的。所谓举一反三就是如此，希望我们都有对生活的领悟能力，都能够主动把握局势的发展，得到自己想要的结果。

坚持还是变通

生活中我们应该用发展变化的眼光看问题，看清事情的发展变化规律，适当把握时机，在最恰当的时间和地点做出最恰当的决定。

从前有两兄弟父母过世较早，而居住的乡村又没有人可以帮他们，他们就相约到远地去谋生。他们把田产变卖，带着所有的财产和两头驴子离开了家乡。

他们最先到了一个盛产绸缎的地方，哥哥对弟弟说："在家乡，绸缎是很值钱的东西，我们把所有的钱换成绸缎，带回故乡一定可以赚很多钱。"弟弟同意了，于是两人买了绸缎，把绸缎捆绑在驴子背上出发了。

走了很久，他们在一个地方歇脚时发现到了一个盛产毛皮的地方，这里也正好缺少绸缎。弟弟就对哥哥说："毛皮在咱们县城里是更值钱的东西，我们把绸缎卖了，换成毛皮，这样不但我们的本钱回收了，返乡后还有更高的利润！"哥哥说："不了，绸缎已经被安稳地捆在驴背上，要搬上搬下多么麻烦呀！"弟弟就把自己牵着的驴背上的那些绸缎全换成毛皮，还赚了一笔钱，而哥哥依然只有一驴背的绸缎。

　　他们继续赶路，来到一个盛产药材的地方，由于那里的天气寒冷异常，所以毛皮和绸缎也是他们最需要的。见此情景，弟弟就对哥哥说："药材是咱们故乡更值钱的东西，你把绸缎卖了，我把毛皮卖了，换成药材带回故乡一定能赚大钱的。"可是，哥哥还是拍拍驴背上的绸缎说："不了，我的绸缎安稳地放在驴背上，何况已经走了那么长的路，我已经累了，卸上卸下太麻烦了！"弟弟就把毛皮都换成药材，又小赚了一笔钱，而哥哥依然有一驴背的绸缎。

　　后来，他们来到一个盛产黄金的城市，那个遍地是黄金的城市除了不缺黄金之外什么都缺，当然药材和绸缎也都是这个城市所需要的了。弟弟对哥哥说："我发现这里的药材和绸缎的价钱都很高，黄金却很便宜，在家乡黄金却是十分昂贵的，如果我们把药材和绸缎都换成黄金，这一辈子就不愁吃穿了。"

哥哥马上摇头道："不!不!我的绸缎在驴背上很稳妥，我不想换来换去的!"弟弟卖了药材，换成黄金，结果又赚了一笔钱。哥哥依然守着一驴背的绸缎。

最后，他们回到了家乡，哥哥卖了绸缎只得点儿蝇头小利，而弟弟不但大赚了一笔，还把黄金卖了，成了当地最大的富豪。

这就是说，在我们的生活中，不是所有的事都需要坚持的，有时更需要灵活处事，随机应变才是最恰当的处世方式。我们应该知道，坚持是建立在自信的基础上的，但坚持反过来也会增强自信。

哥特曼说："如果我在第一次推销不成功之后，就放弃的话，那就没有今天的业绩了。"坚持，并保持积极进取的旺盛斗志，那么你的自信心就会越来越强，你离成功也就越来越近。

增强你的应变能力

面对千变万化的生活难题，假如我们没有一定的应变能力，就很容易使自己陷入僵局，把自己困死在这个僵局中。所以，生活需要应变，生活更需要色彩。

任何事在它发生之前都会有预兆，只是有的预兆是隐性的，不轻易被人发现而已。这就需要我们有机敏的头脑，在事情发生之前预测即将发生的事情，并做好一切准备才不会处于被动地位。也就是说，你的应对绝对不应该是盲目和被动的。否则，灵活机变就没有了任何意义。

在人际交往中，我们有时陷入不利的人际关系氛围是很正常的事，如果在这些场合不能随机应变，那就只有甘受其辱，甚至还有可能丢掉自己的性命。

据说，有一次慈禧看完著名演员杨小楼的戏后，把他召到眼前，指着满桌子的糕点说："这些赐予你，带回去吧！"
杨小楼叩头谢恩，他不想要糕点，便壮着胆子说："叩谢老佛
爷，这些尊贵之物，奴才不敢领，请另外恩赐点儿……"

"要什么？"慈禧高兴地问。

杨小楼又叩头说："老佛爷洪福齐天，不知可否赐个
'福'字给奴才。"

慈禧听了，一时高兴，便让太监捧来笔墨纸砚。慈禧举笔
一挥，就写了一个"福"字。

站在一旁的小王爷，看了慈禧写的字，悄悄地说："福字是
'示'字旁，不是'衣'字旁的呢！"杨小楼一看，这字写错了，
若拿回去必遭人议论，岂非有欺君之罪，不拿回去也不好，慈禧一
怒就要自己的命。要也不是，不要也不是，他一时急得直冒冷汗。

气氛一下紧张起来，慈禧太后也觉得挺不好意思，她既不
想让杨小楼拿去错字，又不好意思再要过来。旁边的李莲英脑子
一动，笑呵呵地说："老佛爷之福，比世上任何人都要多出一
'点'呀！"杨小楼一听，脑筋转过弯来，连忙叩首道："老佛
爷福多，这万人之上之福，奴才怎么敢领呢！"慈禧正为下不了

台而发愁，听这么一说，急忙顺水推舟，笑着说："好吧，隔天再赐你吧！"就这样，李莲英为两人解脱了窘境。

由此可见，一个人倘若没有应变能力该是多么危险。所以，应变能力即使不能成为我们的专长，也不能成为我们的弱项。在生活中，有一点应变能力不是狡猾，而是我们应该具备的一种生存能力，或者可以说是人格魅力的一种体现。

1966年，林语堂从美国回我国台湾定居。同年6月，台北某学院举行毕业典礼，特邀林语堂参加并请他即席演讲。被安排在林语堂之前的几位演讲者所做的演讲冗长而乏味，令台下的听众昏昏欲睡。轮到林语堂时，他抬腕看了看表，已是11点半了，于是，快步走上讲台，仅说了一句话："绅士的演讲应该像女人穿的'迷你裙'，越短越好。"然后就告结束。他的话一出口，台下的听众先是一愣，几秒钟之后，会场上"哗"地响起一片笑声，然后就是与会者经久不息的掌声，大家用这种方式表达了对这位优秀演讲家的拥戴。

第二天，台北各大报纸上均出现了"幽默大师名不虚传"的消息。简单的一句话就可以让人耳目一新，这就是林语堂的幽默和应变能力。

第二章

良好的心态

心态改变命运

　　在自然界中，狼的一生是充满艰辛的。在野外，一只狼可以存活13年，但大部分狼只有9年左右的寿命。然而，动物园里的狼，其寿命通常都会超过15年。显而易见，狼群在野外的生活肯定是万分艰辛，并且处处充满凶险。

　　生活在野外，狼就必须互相争夺食物和领地，因为狼群只能在自己的领地内进行生活、捕猎，领地的大小根据它们捕食对象的多少而有很大变化。这种情况取决于这个地区的猎物数量。在猎物分布较密集的地方，狼不必奔袭很远便可获得一顿美餐。在较荒凉的栖息地，由于只有少量的猎物存在，狼则需要跑很远的路才能猎得食物。

　　在狼的世界里，"适者生存"的大自然法则持续运行着，如同最虚弱的美洲驯鹿为狼所捕获一样，最虚弱的狼也会消失。狼的生存主要是依托在战胜对手，吃掉对手的方式上，否则会被饿死。而捕猎是危险的，狼在捕获猎物的时候，常常会遇到猎物的拼死抵抗，一些大型猎物有时还会伤及狼的生命。研究表明，狼捕猎的成功率只有7%~10%。

一旦捕猎成功，狼还必须警惕其他想不劳而获的动物的袭击。这些动物还经常袭击，捕杀狼的幼崽。狼必须时刻警惕来自不同方面的侵袭。最后，狼还必须与人类抗争，人类无疑是狼繁衍生存的最大威胁。

但正是在这种险恶的环境中，狼才得以战胜对手，成为陆地上食物链的最高单位之一。

对于人类来说，困境是产生强者的土壤。但在生活中，有很多人只会抱怨环境的恶劣，把逆境当成魔鬼，不知道如何从逆境中奋起，不知道只有逆境才能磨炼出强者。

美国陆军在沙漠里训练，一名军人的妻子随军来到这里。但是她十分不喜欢这里的环境，就在写给爸爸妈妈的信中抱怨了这一情况。后来，她的妈妈在回信中给她讲了这样一个故事：在美国俄亥俄州阿克平原市的贫民窟里，私生子詹姆斯一出生就意味着要活在别人的白眼中。母亲格里亚·詹姆斯16岁就生下他，在没有生下儿子之前，她是贫民窟公认的坏女人。他不知道自己的父亲是谁，母亲从来没有提起过。从记事起，没有孩子愿意和他一起玩，他们一边喊着"打死你这个没有爸爸的野孩子詹姆斯"，一边远远地朝他身上扔泥巴。他一边左右躲闪，一边狼狈地朝后退，结果一下子掉进背后的臭水沟里，全身又湿又臭。

这样的欺侮每隔几天就会上演，他只是别人眼中的小丑和笑料。随着年龄的增长，詹姆斯骨子里的自尊开始慢慢滋生。终于有一天，当一个白人中学生用满口脏话问候他的父母时，忍无可忍的詹姆斯爆发了，他握紧了自己的小拳头。

尽管年小力弱的他拳头砸在别人身上软绵绵的，但却吹响了他迎接挑衅的号角。高出他一头的白人学生的拳头无情地落到他的头上。这一次，詹姆斯没有感到害怕，他高高仰起头，无畏地用自己所有的力量去回击。白人学生害怕了，朝他扔了一块小石头，然后跑了。詹姆斯感到自己脸上火辣辣的，一摸原来是血，那块石头击中了自己的额头。那一刻，他甚至有些高兴：原来自己身体里的血液也是鲜红的，和其他人一模一样，自己并不低贱。

那天晚上，詹姆斯久久难眠，他觉得自己白天做了一件勇敢而伟大的事。他翻开一本故事书，看到了这样一个故事：古老的战争年代，一个女人到沙漠中去探望军营中的丈夫。不久，丈夫被派出差，剩下她一人。看着满地的黄沙，孤苦难耐之下给家里写信倾诉。父亲的回信只有两句话："两个人从监狱往外看，一个人低头看见烂泥，一个人抬头看见星星。"詹姆斯眼前一亮：基因、肤色和环境也许无法改变，但你可以左右自己的心态和行动。他翻身下床，兴奋地在本子上写下："用勇气面对现实，正视不公，迎接挑战，做真正的强者和英雄。"

从第二天起，詹姆斯开始拼命地学习，拼命地奔跑、拼命地锻炼力量。直到有一天，他在电视上看到了高高跳起扣篮的"飞人"乔丹，他的内心有了一条笔直的人生道路。詹姆斯开始疯狂爱上了迈克尔·乔丹，爱上了23号，爱上篮球，他的墙上贴满了飞人乔丹的所有海报。14岁时，他身高就已经达到了1.93米，肌肉也发育得非常强壮。

　　走出苦难，他的人生翻开了另一副牌，写满辉煌与奇迹。2002—2003赛季，他带领俄亥俄州的圣文森特圣玛丽高中篮球队取得25胜1负的惊人战绩，参加了4次高中联赛，三次获得州冠军，高中时候的詹姆斯就当选了美联社的"俄亥俄州篮球先生"。2003年，NBA克利夫兰骑士队毫不犹豫地选中了"状元秀"詹姆斯。这是第一个在还没有进入NBA就拥有了一份天价赞助合同的球员。湖人资深教练杰克逊甚至断言："他将是联盟中50年难得一遇的旷世奇才。"

　　他就是篮球王国里的小皇帝勒布朗·詹姆斯。现在的詹姆斯已经是克里夫兰骑士队的绝对核心，22岁的他第四次入选了全明星阵容，并获得MVP，成为全明星赛最年轻的最有价值球员。2009年，詹姆斯荣登常规赛最有价值球员。

　　只有抬头，才能看见满天星星；只有行动，才能追逐梦想；要自尊、自信，要相信自己，其实你的血液和别人一样鲜红。你不勇敢、不积极、不快乐的话，那你就在心中设置了一座牢狱，自己给自己判了无期徒刑。

　　这个故事使军人的妻子恍然大悟。从此她试着改变自己对生活的态度，不再对土著人敬而远之，而是接近他们，用手势和他们交流。当她把饼干送给土著居民时，土著人也送给她一些漂亮的贝壳，这让她感到十分快乐。回到美国后，她不仅举办了一个贝壳展览，还写了《快乐的城堡》一书来纪念她在沙漠里的快乐生活。

一切都还是原来的样子，沙漠不曾改变，土著人也不曾改变，但是她的心态变了，快乐也就来了。很多时候，客观环境无法改变，我们不得不选择适应。只要改变我们所关注的焦点、改变我们的心态，一切都将变得不同。

许多天才人物并不是天生的强者，他们的竞争意识与自我创新能力并非与生俱来，而是通过后天的奋斗逐渐形成。通过学习，谁都能有胆有识，敢于竞争，敢于创新。

不要因为弱小而不敢与人竞争，不敢轻易创新。弱者有自己生存的方式，只要相信弱者不弱，勇敢面对敌人，我们同样能培养出竞争意识和自我创新能力。

在美国的一座山丘上，有一间不含任何有毒物、完全以自然物质搭建而成的房子，里面的人需要由人工灌注氧气，并只能以传真与外界联络。

　　住在这间房子里的主人叫辛蒂。1985年，辛蒂在医科大学念书，有一次到山上散步，带回一些蚜虫。她拿起一种试剂为蚜虫去除化学污染，却感到一阵痉挛，原以为那只是暂时性的症状，谁料到自己的后半生就毁于一旦。试剂内含的化学物质使辛蒂的免疫系统遭到破坏。她对香水、洗发水及日常生活接触的化学物质一律过敏，连空气也可能使她支气管发炎。这种"多重化学物质过敏症"是一种慢性病，目前尚无药可医。

　　患病头几年，辛蒂睡觉时口水流淌，尿液变成了绿色，汗水与其他排泄物还会刺激背部，形成疤痕。她不能睡经过防火处理的垫子，否则会引发心悸。辛蒂遭到的这一灾难所承受的痛苦是令人难以想象的。1989年，她的丈夫吉姆用钢与玻璃为她盖了一个无毒的空间，一个足以逃避所有威胁的"世外桃源"。辛蒂所有吃的、喝的都经过特殊选择与处理，她平时只能喝蒸馏水，食物中不能有任何化学成分。

　　这么多年来，辛蒂没有见到一棵花草，听不见悠扬的声音，感觉不到阳光、流水。她躲在无任何饰物的小屋里，饱尝孤独之苦，还不能放声地大哭。因为她的眼泪和汗一样，可能成为威胁自己的毒素。

　　而坚强的辛蒂并没有在痛苦中自暴自弃，她不仅为自己，也为所有化学污染牺牲者争取权益而奋战。1986年，辛蒂创立'环境接触研究网'，致力于此类病变的研究。1994年，再与另一组织合作，另创'化学伤害资讯网'保障人们免受威胁。目前这一'资讯网'已有5000多名来自32个国家的会员，不仅发行刊物，还得到美国上院、欧盟及联合国支持。生活在这寂静的无毒世界里，辛蒂却感到很充实。因为不能流泪的疾病，使她选择了微笑。

　　面对无法改变的现实，辛蒂选择了适应。生活在寂静的世界里，辛蒂选择了微笑面对，也由此收获了充实的人生。

　　自然界有一条定律，弱者有自己的空间。的确，无论强者弱者，都有一套适应自然法则的本领，只要你认真地生活着，拥有自己游刃有余的空间，充分发挥自己的优势，到那时，你的优势会弥补你的不足，你定能获得成功。

　　相对而言，处于顺境中是幸运的，陷于逆境中是不幸的，甚至是一种厄运。逆境确实容易使人消沉，丧失斗志；顺境有利于人在良好的环境和心态下正常发挥自己的水平。

但人生路上，我们不可能永远一帆风顺，时而有横亘在眼前的高山或沟壑，阻挡我们前进的步伐。既然环境难以改变，我们不如改变自己的心态，当我们以一种积极向上的心态看世界时，我们就会发现自己的世界竟然如此美丽。一个内心积极的人，永远不会被沮丧、失望、忧愁等不良情绪控制。他们会自发地克服困难，使自己始终保持乐观的心态和昂扬的斗志。积极的心态美化人生，消极的心态虚耗人生；积极的心态点亮成功的希望，消极的心态蒙蔽你寻找美丽的眼睛。

著名作家尼尔·奥斯丁先天残疾。一天，当他意识到自己的不同而陷入绝望时，他收到了父亲送的笔记本，扉页上写道："这是一个古老的祷告——上帝啊，请允许我接受我不可更改的事实，请赐予我改变可以发生变更之事的勇气，还要给我区分两者之不同的智慧。"奥斯丁正是受到这句话的启发，开始试着接受双手畸形的残酷事实，从而收获了成功的人生。

现实生活中，许多奇迹都是在厄运中出现，因为顺境容易让人舒服，顺境容易消磨斗志，容易让人不再有所追求，从而平平常常，无法杰出；而逆境能磨炼坚强的意志，激励人奋力拼搏，顽强奋进，有时甚至能够使自己的能力得到超常发挥，取得令人陶醉、令人向往的成就。

　　美国潜能成功学家罗宾说："人在面对人生逆境时所持的信念，远比任何条件都来得重要。"这是因为，当环境无法改变时，只有以积极的心态适应环境，才能走出困境。美国成功学学者拿破仑·希尔这样强调了心态的意义："人与人之间只有很小的差异，这个差异就是所具备的心态积极与否。然而，这个很小的差异却决定了你能否成功。"《鲁滨孙漂流记》中的故事脍炙人口，其中的生存智慧值得我们每个人学习，首要的一条就是面对险恶的环境，要有积极进取的心态，它是生命中的阳光和雨露，为我们驱走黑暗和阴霾，带我们走向阳光明媚的明天。

永远抱着阳光的心态

　　西点军校第一任校长乔纳森·威廉斯说："有时候，阻碍我们成功的主要障碍，不是我们能力的大小，而是我们的心态。"

　　世界冠军摩拉里就是一个具有积极心态的人。早在少不更事、守着电视看奥运竞赛的年纪，他的心中就充满了梦想，梦想着自己也能成为冠军。1984年，一个机会出现了。他在自己擅长的游泳项目中，成为全世界最优秀的游泳者，但在洛杉矶奥运会上，他却只拿了亚军，冠军的梦想并没有实现。

　　摩拉里重新回到梦想中，回到游泳池里，又开始投入到实际的训练中。这一次目标是1988年韩国汉城奥运金牌。没想到，他的梦想在奥运预选赛时就烟消云散，他竟然被淘汰了。

　　跟大多数人一样，摩拉里变得很沮丧。之后他便把这份梦想深埋心中，跑到康乃尔去念律师学校。有三年的时间，他很少游泳。可是心中始终有股烈焰，他无法抑制这份渴望。离1992年巴塞罗那奥运会比赛前不到一年的时间，摩拉里决定再孤注一掷一次。在这项属于年轻人的游泳赛中，他算是高龄，简直就像是拿着枪矛戳风车的现代堂吉诃德，他想赢得百米蝶泳赛的想法简直愚不可及。

对摩拉里而言，这也是一段悲伤艰难的时刻，因为他的母亲因癌症而离世了。她将无法和他一起分享胜利的成果，可是追悼母亲的精神加强了他的决心和意志。

令人惊讶的是，摩拉里不仅成为美国代表队成员，还赢得了初赛。他的纪录比世界纪录慢了一秒多，在竞赛中他势必要创造一个奇迹。

加强想象，增加意象训练，不停地训练，他在心中仔细规划赛程。直到后来，不用一分钟，他就能将比赛从头到尾，像透彻水晶般仔细看过一遍。他的速度会占尽优势，他希望能超越自己的竞争者，一路领先。

预先想象了赛程，他就开始游了，而且最终他成大事者了。那一天，他真的站在领奖台上，看着星条旗冉冉上升，美国国歌响起，颈上挂着令人骄傲的金牌。凭着他的积极心态，摩拉里将梦想化为胜利，美梦成真。

在如今的这个世界确实是这样，人所处的绝境在很多情况下，都不是生存绝境，而是一种精神的绝境；如果你在精神上不会垮下来，外界的一切都不能把你击倒，保持一种积极的心态，乐观地看待每一件事，相信你离成功就不远了。

生活就是生活，它像泥土一样真实而粗糙，如果你对它抱有不切实际的幻想，就难免会失望。像自然界有风雨阴晴一样，生活也不会总是一帆风顺。如果你对此没有思想准备，你可能就会彷徨悲观。同时，生活也不会总是充满戏剧性的高潮，更多的时候它是平凡琐碎的，甚至显得沉闷。

也许是生活的压力太大，有些人说："活着，真累。"也许是遇到不顺心的事太多，有些人说："活着，真烦。"也许是对柴米油盐的平凡生活的厌倦，有些人说："活着，真没劲。"如果你对此没有思想准备，可能就会彷徨悲观。生活也不会总是充满着戏剧性的高潮，更多的时候它是平凡琐碎的，甚至显得沉闷。你怎么可能指望它天天都如狂欢节一般呢？

华盛顿甚至在还是小学生时，就开始了他毕生的不断约束自己的努力，他辛勤地抄写了一百多条"怎样成为一名绅士"的准则，其中包括不要在饭桌上剔牙，以及同别人谈话时不要离得太近以免"唾沫星子溅在人家脸上"等诚言。

1754年，已升为上校的华盛顿率部驻防亚历山大市，当时正值弗吉尼亚州议会选举议员，有一个名叫威廉·佩恩的人反对华盛顿支持的一个候选人。

有一次，华盛顿就选举问题和佩恩展开了一场激烈的争论，其间华盛顿失口，说了几句侮辱性的话。身材矮小、脾气暴躁的佩恩怒不可遏，挥起手中的山核桃木手杖将华盛顿打倒在地。

华盛顿的部下闻讯而至，要为他们的长官报仇雪恨，华盛顿却阻止并说服大家，平静地退回了营地，一切由他自己来处理。翌日上午，华盛顿托人带给佩恩一张便条，约他到当地一家酒店会面。佩恩自然而然地以为华盛顿会要求他进行道歉，以及提出决斗的挑战，料想必有一场恶斗。

到了酒店，大出佩恩之所料，他看到的不是手枪，而是酒杯。华盛顿站起身来，笑容可掬，并伸出手来迎接他。

"佩恩先生，"华盛顿说，"人都有犯错误的时候。昨天确实是我的过错。你已采取行动挽回了面子。如果你觉得已经足够，那么就请握住我的手，让我们做个朋友吧！"

这件事就这样皆大欢喜地了结了。从此以后，佩恩则成了华盛顿一个热心的崇拜者和坚定的支持者。

鲁莽行事，于人于己都不利。关键时刻，控制自己的情绪，保持头脑的清醒方为上策。

向前看吧，向前看，生活和工作才有生机。同时，还要明白一个道理：要善于发现光明的一面。正如一枚硬币有两面一样，人生也有正面和背面。光明、希望、愉快、幸福……这是人生的正面；黑暗、绝望、忧愁、不幸……这是人生的背面。乐观的人总是能看到事物光明的一面，因而会随时扭转败局而成功。

有一句诗句叫"掬水月在手"。苍天的月亮太高，凡人的力量难以企及，但是换个角度、换个思路，掬一捧水，月亮美丽的脸就会笑在掌心。

关键是人在生命的极点时，在完全不可能的情况下，你能否懂得换个角度看生命，是否能有垂死挣扎的那一下？

要想赢得人生，就不能总把目标停留在那些消极的东西上，那只会使你沮丧、自卑、徒增烦恼，还会影响你的身心健康。结果，你的人生就可能被失败的阴影遮蔽了它本该有光辉。

一个人生活在世上，要敢于"放开眼"，而不向人间"浪皱眉"。"放开眼"和"浪皱眉"就是对人生两面的选择。你选择正面，你就能乐观自信地舒展眉头，面对一切。你选择背面，你就只能是眉头紧锁，郁郁寡欢，最终成为人生的失败者。

别总是对自己说："我真倒霉，总被人家曲解、欺负。"那你当然没有一刻的轻松愉快。

悲观失望的人在挫折面前，会陷入不能自拔的困境；乐观向上的人即使在绝境之中，也能看到一线生机，并为此而努力。

"要看到光明的一面。"一个年轻人对他牢骚满腹、愁眉不展的朋友说。"但是，怎么才能看起来是光明的。"他的朋友心事重重地回答。"那就把不光的一面打磨一下，让它显出光亮不就行了。"

果断是积累成功的资本

　　西点一位军官说：“果断，是指一个人能适时地作出经过深思熟虑的决定，并且彻底地实行这一决定，在行动上没有任何不必要的踌躇和疑虑。”果断是成大事者积累成功的资本。果断的个性，能使我们在遇到困难时，克服不必要的犹豫和顾虑，勇往直前。

　　有的人面对困难，左顾右盼，顾虑重重，看起来思虑全面，实际上渺无头绪，不但分散了同困难作斗争的精力，更重要的是会销蚀同困难作斗争的勇气。果断的个性在这种情况下，则表现为沿着明确的思想轨道，摆脱对立动机的冲突，克服犹豫和动摇，坚定地采纳在深思熟虑基础上拟定的克服困难的方法，并立即行动起来同困难进行斗争，以取得克服困难的最大效果。

　　果断的个性，可以使我们在形势突然变化的情况下，能够很快地分析形势，当机立断，不失时机地对计划、方法、策略等做出正确的改变，使其能迅速地适应变化了的情况。而优柔寡断者，一到形势发生剧烈变化时就惊慌失措，无所适从。他们不能及时根据变化了的情况重新做出决策，而是左顾右盼，等待观望，以致错失良机，常常被飞速发展的情势远远抛在后面。

　　可见，果断的个性无论是对领导者，还是对普通劳动者，无论是对于工作，还是对于生活和学习，都是需要的。果断的个性，产生于勇敢、大胆、坚定和顽强等多种意志素质的综合。果断的个性，是在克服优柔寡断的过程中不断增强的。

　　果断的个性能够帮助我们在执行工作和学习计划的过程中，克服和排除同计划相对立的思想和动机，保证善始善终地将计划执行到底。思想上的冲突和精力上的分散，是优柔寡断的人的重要特点。这种人没有力量克服内心矛盾着的思想和情感，在执行计划过程中，尤其是在碰到困难时，往往长时间地苦恼着怎么办，怀疑自己所作决定的正确性，担心决定本身的后果和实现决定的结果，老是往坏的方面想，犹犹豫豫，因而计划老是执行不好。而果断的个性，则能帮助我们坚定有力地排斥上述这种胆小怕事、顾虑过多的庸人自扰，把自己的思想和精力集中于执行计划本身，从而加强了自己实现计划、执行计划的能力。

　　人有发达的大脑，行动具有目的性、计划性，但过多的事前考虑，往往使人们犹豫不决，陷入优柔寡断的境地。许多人在采取决定时，常常感到这样做也有不妥，那样做也有困难，无休止地纠缠于细节问题，在诸方案中徘徊犹豫，陷入束手无策和茫然不知所措的境地，这就是事前思虑过多的缘故。大事情是需要深思熟虑的，然而生活中真正称得上大事的并不多。况且，任何事情，总不能等待形势完全明朗才作决定。事前多想固然重要，但"多谋"还要"善断"，要放弃在事前追求"万全之策"的想法。

　　果断的人在采取决定时，他的决定开始时也不可能会是什么"万全之策"，只不过是诸方案中较好的一种。但是在执行过程中，他可以随时依据变化的情况对原方案进行调整和补充，从而使原来的方案逐步完善起来。"万事开头难"，许多事情开始之前想来想去，这样也无把握，那样也不保险。当减少那些不必要的顾虑后真正下决心干起来，做着做着事情自然就做顺了。

　　果断的个性，要从干脆利落、斩钉截铁地行为习惯开始养成。无论什么事情，不行就是不行，要做就坚决做。生活中不少事情确实既可以这样又可以那样，遇上这样的小事，就不必考虑再三，大可当机立断。否则，连日常的生活琐事也是不干不脆，拖泥带水，你又怎么能够培养出果断的性格来呢？

果断的个性，是在克服胆怯和懦弱的过程中实现的。果断要以果敢为基础，特别是在情况紧急时，要求人们当机立断，迅速决定并且执行决定。比如，在军事行动中就需要这样，因为战机常在分秒之间，抓住战机就必须果断。大方向看准了，有七分把握，就要果断地下定决心。

在决断作出后，还会有许多因素不断地动摇我们的决心，如舆论、压力、困难、诱惑等。周围的人们可能会对我们的决定评头论足，来自各个方面的各种压力都有可能使我们已经作出的决定发生动摇。并且，在执行决断时排除内外干扰的果断性，有时比果断地确定目标和初下决心还要难。因此，在执行决定的时候应当特别注意果断性的培养。要养成决心既下就不轻易改变的习惯，不要让一些本来微不足道的因素干扰我们的决心，把自己弄得手足无措。

果断并不等于轻率。有人认为，果断就是决定问题快，实际上，在情况不要求立即行动，或者对于行动的方法和结果未加足够的考虑就仓促地决定，这并不是果断，而是轻率、冲动和冒失，是意志薄弱的表现。这种表现在优柔寡断的人身上可以观察出来，因为深思熟虑对于一个优柔寡断的人来说，乃是一个复杂而痛苦的过程，所以力求尽快地从其中解脱出来，他的行动常常是仓促、急躁、莽撞的。果断的人迅速决定，和意志薄弱的人的仓促决定毫无共同之处。

有的人刚愎自用，自以为是，遇到事情既不调查研究，也不深思熟虑，就说一不二地定下来，贸然从事。表面来看，好像果断得很，可实际上却同果断南辕北辙。果断并不排斥深思熟虑和虚心听取别人意见，正因为多想、多问、多商量，才能使人们对事情更有把握，从而更加果断。自以为是、主观武断的人，有果断的外表，无果断的实质，往往把事情办坏，这是我们应当努力避免的。

约翰逊博士说："当你站在那儿，谨慎地考虑你的孩子应该首先读哪本书时，说不定别的孩子已经把两本书都读完了。"

能够成就大事的秘诀是：先看到了问题，然后下定决心去解决问题。法国圣女贞德的力量并非主要来自于她的勇气或先见之明，而是来自于她出色的决断力，或者说是善于决策的出色品质。她以上帝的名义宣布，法国的王位继承人是查理七世，从而确保了查理统治的合法性基础，并且，通过在战争中击败英国人，而使得这一宣告显得更为神圣。在殖民地面临危机的那段黑暗岁月里，美国殖民地要获得独立和主权似乎永远都做不到。历史很少会再展现像当初的"建国之父"们所表现出来的那么明确的"决心"和那么崇高的决定：他们制定了美国的宪法框架，并签署了《独立宣言》，从而为我们今天的自由奠定了坚实的基础。而那种犹豫不决、摇摆不定、优柔寡断的生活态度，足以毁掉最聪明的天才。

在做出决定时总是要请求别人的帮助，这比懦弱无能更加糟糕。一个人必须训练自己养成这样的习惯，即紧急关头依赖自己的勇气和决断力。当有人问亚历山大是如何征服世界时，他回答说，他只是毫不迟疑地去做这件事。拿破仑在紧急情况下从来不会踌躇不定。他总是立即抓住自己认为最明智的做法，而牺牲了其他所有可能的计划和目标，因为他从不允许其他的计划和目标来不断地扰乱自己的思维和行动。这真是一种有效的方法，充分体现了勇敢决断的力量，换句话说，也就是要立即选择最明智的做法和计划，而放弃其他所有可能的行动方案。拿破仑一度是雄霸欧洲的主人，而根据历史记载，他之所以遭遇滑铁卢的惨败，原因之一就是因为他没有作出快速的决断，而在此之前他总能在紧急关头以快速的决断能力化险为夷，在此之前他总是能当机立断地迅速作出选择而牺牲其他的一些方面。

凭借他那伟大的意志力，拿破仑的铁军几乎征服了整个欧洲。无论是在重要的战役中，还是在最微小的命令细节上，他同样能作出迅速的判断与决策。这就像是一块巨大的凸透镜，它能聚集太阳的光线，甚至可以熔化最坚硬的钻石，没有任何东西能不屈服于它。

从容果断不仅意味着临危不乱、当机立断，而且意味着辩证取舍。一个人只有明辨取舍，有所不为才能有所为。

学会忍受不公平

美国西点军校有一个久远的传统，遇到学长或军官问话，新生只能有四种回答："报告长官，是"；"报告长官，不是"；"报告长官，没有任何借口"；"报告长官，不知道"。

除此之外，不能多说一个字。比如，学长问："你认为你的皮鞋这样就算擦亮了吗？"你的第一个反应肯定是为自己辩解："报告长官，刚才排队时有人不小心踩了我，"但是不行，所有的辩解都不在那四个"标准答案"里，所以你只能回答："报告学长，不是，"学长要问为什么，你最后只能答："报告学长，没有任何借口。"

有一次，一位连长派一个名叫赖瑞的学生到营部去，只有3个小时的时间；却交代了7项任务，有些人要见，有些事情要请示上级，还有些东西要申请，包括地图和醋酸盐，当时醋酸盐严重缺货。赖瑞下定决心把7项任务都完成，但具体该怎么做心里并没有十分的把握。

果然事情的发展并不顺利，问题就出在醋酸盐上，赖瑞滔滔不绝地向负责补给的中士说明理由，希望他能从仅有的存货中拨给他一点儿，但中士不答应。赖瑞只好一直缠着他，最后他不知是被赖瑞说服了，还是发现眼前这个人没有其他办法可以轻易摆脱，他终于给了赖瑞一些醋酸盐。

当赖瑞回去向连长复命的时候，连长没有说什么，但显然很意外赖瑞把7项任务完成了。事后赖瑞回忆说，当时在有限的时间里，根本无暇为做不好的事情找借口，只能把握每分每秒去争取完成任务。

这就是西点"报告长官，没有任何借口"的延伸，它让人明白，无论是学长还是老板，他只要结果，而不要听你长篇大论地解释为什么完不成任务。

赖瑞从西点军校毕业后，留校担任战略策划，同时教授领导及道德课程。1993年退伍后担任艾尔伯马尔学院校长至今。

学会忍受不公平，学会恪尽职责，明白表现不达到十全十美是"没有任何借口"的。只有秉持这种信念，才有可能激发起一个人坚韧的毅力，产生出最大的效果。

　　许多年轻人将自己不能获得提升的原因归咎于老板的不公平，认为老板任人唯亲、嫉贤妒能，不喜欢比自己聪明的雇员，甚至认为老板会阻碍有抱负的人获得成功。事实上，对于大多数老板而言，再也没有什么比缺乏合适的人才更让他苦恼的了，也没有什么比寻找合适的人选更让他焦心的了。

　　年轻人之所以产生这样的想法，也是以己度人，但是这个"己"是一个自私的、狭隘的，也就是所谓"以小人之心，度君子之腹"。事实上，从每一个员工第一天上班开始，老板就用心对他进行考察。老板会仔细衡量和分析他的能力、品格、习惯和言行举止（包括认为老板无知）时，才会认为这名员工有没有前途。毕竟公司是自己苦心经营才发展起来的，在大多数情况下，他们不会因为自己的个人偏见而毁了整个事业。

　　因此，做员工的应该多反思自己的缺陷，给予老板更多的同情和理解，或许能重新赢得老板的欣赏和器重。也许老板并不是一个领情的人，但我们依然要设身处地为老板着想。因为同情和宽容是一种美德，在一个老板那里没有作用，并不意味着在所有老板那里都没有效果。退一步来说，如果我们能养成这样思考问题的习惯，我们起码能够做到内心宽慰。

真正的赢家会笑到最后

　　当年美国工程师查尔斯要建巴拿马运河时，人们对于这个壮举，议论纷纷，毁誉不一。有人夸奖他勇敢坚毅，也有人骂他异想天开。但是他对这些毁誉一概置之不理，只管自己埋头苦干。有人问他对于那些批评有什么感想，他回答得十分恰当，他说：目前还是做我的工作要紧，关于那些批评，日后运河自会答复他们的。

　　后来运河果然如期完成，一时又是议论鼎沸，但现在却是众口一词地争相夸奖了。他自己怎样呢？到播音室去致答谢词吗？写一篇文章去向从前攻击他的人做一有力的反击吗？或者站在第一艘通过水闸的船上，接受欢呼？

　　当第一艘船由大西洋通过运河至太平洋时，有一位来参加揭幕典礼的英国外交官，也乘坐在船内。事后据他写给朋友的信中说：查尔斯先生并没有搭乘这艘船，他只是在运河岸以北看着我们的船开过。后来，我们又在河岸上看见他穿着衬衫站在水闸上，正在观察开关水闸的机器。船开过之时，有一个人对他高呼万岁，但不等他喊到第二声，查尔斯先生已经走开了。

1805年"奥斯特利茨战役"和1807年"弗里德兰战役"中，俄军被法军打得大败，实力大为减弱，刚登基的亚历山大一世为重整旗鼓，与拿破仑展开了新的较量。他使用了新的斗争策略，以卑微的言辞讨好对方，处处表现出退让的姿态，以屈求伸。

为了对付英国，拿破仑极力拉拢俄国，所以亚历山大一见到他就投其所好："我和你一样痛恨英国人，你对他采取多种措施时，我会是你的一名助手。"1808年秋，拿破仑决定邀请亚历山大在埃尔富特举行第二次会晤，这次会晤，是拿破仑为了避免两线作战，以法俄两国的伟大友谊来威慑奥地利。

消息传到俄国宫廷，激起一片抗议声。皇太后在给亚历山大的信中说："亚历山大，切切不可前往，你若去就是断送帝国和家族，悬崖勒马，为时未晚，不要拒绝你母亲出于荣誉感对你的要求。我的孩子，我的朋友，及时回头吧。"

但亚历山大却认为，目前俄国的力量还不足以对拿破仑说"不"，还必须佯装同意拿破仑的建议，应该"造成联盟的假象以麻痹之，我们要争取时间妥善做好准备，时机一到，就从容不迫地促成拿破仑垮台"。

来到埃尔富特后，亚历山大说恭言卑辞，在两个星期的会晤中，与拿破仑形影不离。有一次看戏，当女演员念出伏尔泰《奥狄浦斯》剧中的一句台词，"和大人物结交，真是上帝恩赐的幸福"时，亚历山大居然装模作样地说："我在此每天都深深感到这一点。"

又一次，亚历山大有意去解腰间的佩剑，发现自己忘了佩带，而拿破仑把自己刚刚解下的宝剑，赐赠给亚历山大，亚历山大装作很感动，热泪盈眶地说："我把它视作您的友好表示予以接受，陛下可以相信，我将永远不举剑反对您。"

1812年，俄法之间的利益冲突已经十分尖锐，这时亚历山大的俄国大军已做好准备，于是借故挑起战争，亲自打败了拿破仑。事后亚历山大总结经验教训时说："拿破仑认为我是个傻瓜，可是谁笑到最后，谁才笑得最好。"

为了最后的胜利，任何屈辱都是可以忍受的。而不能忍一时之屈辱者，往往不能将其事业进行到底。毕竟谁笑到最后，谁笑得最甜。

以认真的态度对待每一项工作

有句话说得很好：我不能选择容貌，但可以选择表情；我无法选择天气，但可以选择心情。同样，我们也可以说：你无法选择工作，但可以选择态度。对于工作来说，无论工作平凡或伟大，无论困难或容易，你的态度都将决定你能够取得怎样的成果。卓越的态度可以使平凡变成伟大，平庸的态度可以使伟大变成卑微。可以说，我们的态度决定了一切。

面对工作的态度主要有两种，我们可以从中任选其一。第一种是爱迪生所说的："我一辈子从来没有工作过，我只是在玩而已。"另一种就是古希腊的邪恶国王西绪福斯王所认为的"工作就是苦役"。

爱迪生认为工作可以创造出生产力、乐趣以及满足感。投身于自己所从事的工作，可从中得到源源不断的快乐和成就感。而西绪福斯王被打入冥府后，每天必须推动庞大的巨石到山上去。一天过完之后，这块巨石又会自动掉落山谷。他每天都要重复这样的过程，日复一日。他的工作艰辛、枯燥而且毫无意义。

我们也许无法选择自己的工作，因为很多时候人们的选择自由度确实不大。但是，一旦你参与了某项工作，来到某个岗位上，就必须要有把它做好的态度。因为怎样去面对工作，这个态度的决定权是在你的手中。

杰克是美国一家餐厅的经理，他总是有好心情，当别人问他最近过得如何时，他总是有好消息可以说。当他换工作的时候，许多服务员都跟着他从这家餐厅换到另一家。为什么呢？因为杰克是个天生的激励者，如果有某位员工说今天运气不好，杰克总是适时地告诉那位员工往好的方面想。有人问他："没有人能够总是这样积极乐观，你是怎么做到的？"杰克回答说："每天早上起来我告诉自己，我今天有两种选择，我可以选择好心情，或者选择坏心情，但我总是选择好心情。即使有不好的事发生，我可以选择做个受害者或是从中学习，但我总是选择从中学习。每当有人跑来跟我抱怨，我可以选择接受抱怨或者指出生命的光明面，但我总是选择指出生命的光明面。"

应该说，杰克懂得工作的真谛，因为工作本应是一件需要每一个人用心去做的、快乐的事情，但却被很多人认为只是谋生的手段。的确，如果我们用应付的态度来对待工作，自然难以从中得到乐趣，更不用说能将工作做得出色。

工作中，我们常常喜欢为自己寻找理由和借口，不是抱怨职位、待遇、工作的环境，就是抱怨同事、上司或老板，而很少问问自己：我努力了吗？我真的对得起这份薪水吗？要知道，抱怨的越多，失去的也越多，而只有端正自己的态度才能获得出类拔萃的机会。

琳达大学毕业后，进入了自己向往已久的报社当记者。虽然说是记者，但她却没有被指派去担任采访等工作，而是每天做一些整理别人的采访录音带之类的小事情。每天做这样无聊的工作是她以前所没有料到的，于是，便萌生出辞职的念头。朋友给了她这样的建议："你是幸运的，你正在接近你最喜欢的工作。如果你觉得现在的工作无聊的话，那只是你的借口，说明你并没有努力工作。你可以试着学习如何快速听写录音带，试着成为快速记录的高手。将来一定会派上用场的。因为听写一个小时的录音带，往往要耗掉3~5倍的时间，但精通速记的话，只要花费和听录音带相同的时间就可以完成了，不但合理，而且省时。"于是，琳达每个周末都去文化学院学习速记。她精通了速记后，变得能够自如地进行录音带的速记工作。6年以后，她以"录音带速记高手"的身份闻名新闻界，因其速记的"更快速、更便宜、更正确"，即使在经济不景气的时候，她的工作也从没间断过。

　　所以，身在职场，每一个员工都要以积极进取的工作态度走好职业生涯中的每一步，只有这样才能拥有一个与众不同的人生。当你以对待生命的态度对待工作时，工作就会给你同样珍贵的回报。

第三章

不为明天而担忧

不为明天而担忧

马克·吐温说："我已老迈，也知道很多麻烦事，却真的很少发生过。"忧虑会给人们带来无限的烦恼，这种烦恼会由心而生，时刻都在折磨着人们，使人们无法找到快乐。《圣经》中，耶稣对自己的信徒说："不要为明天忧虑，因为明天有明天的忧虑。"把所有心思都放在"今天"，是正确的选择，把眼前的事做好，才是获得成功与快乐的根本。

在撒哈拉大沙漠中，生活着一种非常有趣的小动物，名字叫沙鼠。据说这种小动物的生命力非常强。每当旱季来临前，这种沙鼠都要囤积大量的草根。一只沙鼠在旱季里只需要吃 2 公斤的草根，而沙鼠通常要运回10公斤草根才踏实，否则便会焦躁不安，吱吱地叫个不停。经过研究证明，这一现象是由一代又一代沙鼠的遗传基因所决定的，是沙鼠天生的本能。曾有不少医学界的人士用沙鼠来替代白鼠做医学实验，因为沙鼠的个头很大，能更准确地反映出药物特性。但所有的医生在实践中都觉得沙鼠并不好用。问题在于，沙鼠一到笼子里，就到处找草根。尽管笼子里的沙鼠"食无忧"，但它们还是一个个很快就死去了。医生发现，这些沙鼠的死亡是因为没有囤积到足够多草根的缘故，确切地说，它们的失望是因为内心极度的焦虑。

生活中，同样存在这样的问题；人们总是在为未来而担忧。这就导致了人们无法将全部心思放在眼前，做起事来总是不能集中精力，甚至还会莫名其妙地产生不安的心理，便使人们无法定下心来把事情做好，生活也会因此而充满烦恼。

很多人都听过"杞人忧天"的故事：

一个杞国人，在某个晴空万里的一天，突发奇想："假如有一天，天塌下来了应该自己办呢？到时候活活地被压死，那个真是太悲惨了。"

此后，他机会每天都在为这件事而发愁，终日精神恍惚，脸色憔悴，似乎世界末日即将来临。

如今的生活中也是这样，总有些人在为一些很遥远、甚至是几乎不可能发生的事而担忧。他们会因此而变得急躁不安，整天处于忧虑当中，以至于对发生在眼前的事情都不去理睬，整个人都变得消极下来。

长期处于焦虑的状态，对身体健康也有着很大危害。一个人生了一点儿小病，甚至只是身体稍有些不舒服，原本是很容易康复的，可因为他怀疑自己生了重病而过度忧虑，便会导致病情的加重。有的医生在病人生了重病的时候，往往不会告诉他病情的状况，医生之所以这样做，就是因为他们怕病人得知自己的病情后，产生焦虑的心理。而焦虑的心理往往最容易使病情加重，为康复治疗带来麻烦。

第二次世界大战时期，一位焦虑过度导致病情加重的士兵向医生求助，医生了解了他的情况后，对他说："人生其实就是一个沙漏，上面虽然堆满了成千上万的沙子，但它们只能一粒粒，慢慢地通过瓶颈，任何人都没有办法让很多人的沙粒同时通过瓶颈。假设我们每个人都是一个沙漏，那些沙子就好像忧虑一样，我们必须让它们一个个地解决。"

这个沙漏的比喻是多么体贴地写照了我们的人生。人生就像一个沙漏，我们只能遵照生命的规则处理我们周围的事——不管是快乐还是忧虑，都要一点点地享受或排解，不然，我们只能乖乖地做命运的奴隶。

忧虑是由心而生的，在很多时候，使人们产生忧虑的心理往往并不是一件多么重要的事，而是一些很不起眼的小事，是人们将其无限夸大后，才使自己产生了忧虑的心理。卡耐基就曾这样说道："其实很多小忧虑也是如此，我们都夸张了那些小事的重要性，结果弄得整个人很沮丧。我们经历过生命中无数狂风暴雨和闪电的袭击，可是却让忧虑的小甲虫咬嚼，这真是人类的可悲之处。"

当然，一个人的心情总有起伏的时候，不可能永远都维持在高潮期，而且适度的心理低潮有时也能调和乐观过度的缺点。

心情是有规律可循的，心情波动总会在一定的时间段之内。所以情绪低落之时，让自己平静下来，等待一段时间，过后一切都会好起来，千万不要一天到晚都唉声叹气。

当然，有些担心也是好的，但是要适度调整。不要成天生活在担心中，惶惶而不可终日。

大诗人李白说得好："天生我才必有用"，每个人都有存在的独特价值。曾经有一个年轻人，受到了很严重的打击，他觉得自己一无是处，这个世界对他来说已经失去了生存的意义。一天傍晚，他来到了河边，准备结束自己的生命。他在冰冷的河边站了很久，就在他下定决心要跳进河里结束自己生命的时候，看到一个老太太跌跌撞撞地走来。她不停地用手中的拐杖敲打着地面，好几次险些被零乱的树枝绊倒——原来她是个盲人。这个年轻人见到老人这样，心中生出几丝怜悯，他想，或许在我死之前应该先把这位老人送回家，也许这是我能做的最后一件好事了。"需要帮忙吗？"他走上前去问这位老人。老人听见有人同她说话，立刻高兴了起来："您好，太高兴能在这里遇见你。我迷路了，您能帮我回家吗？"年轻人问清老人的地址，便把她送回了家。一路上，老人不停地与他聊着，老人的乐观深深地感染了他。回到家后，老人向他表示了谢意，并请他进屋喝咖啡、吃糕点，但他婉言谢绝了。离开老人的家，他没有再向河边走去，他要好好地生活，因为他知道，自己的生命还是有意义的。

要想向自己宣战，首先就必须树立一种精英观念。一旦有了这种力量，信心就会增强。而且你要将这种信念深深地根植于你的思想里——你必须将自己点燃。你要让体内的激情和力量熊熊燃烧，将生命照亮。

内心若想得到成长，个性若想得到拓宽，就必须不停地接受挑战，然后你会看到自己变得更加强大、更加完美。

所以，让我们记住那句话：天下本无事，庸人自扰之。

学会走出不幸

生活中总会有这样一些人，他们会因为受到一点点挫折便整日活在忧虑当中，情绪也会因此而变得极为低落，尽管时间过了很久，可他们始终还是沉浸在因为遭遇挫折而带来的痛苦之中。这样做无非是自寻烦恼，为过去的事情而感到懊悔，或是始终活在失败的阴影下，显然，这是一个非常不明智的选择。这样做，除了给自己增添烦恼以外，不会有一点儿好处。

一个秀才几次名落孙山之后，就失去了以往的开朗性格，每天都生活在烦恼和忧虑之中，为了改变这种情况，他四处寻找能帮助自己解脱烦恼和忧虑的智者。

一天他经过一片田地，看见一位农夫在田里干活儿，并一边哼着小调。秀才走上前去对农夫说道："你看起来非常快乐，有什么原因吗？你能否教给我解脱烦恼和忧虑的方法吗?"农夫停下手中的活儿,看了看秀才,对他说:"你和我一样在田里干活儿,就什么烦恼都没有了。"秀才很高兴,心想这回终于可以告别痛苦和烦恼了。于是他便和农夫一起干活。可过好一会儿,他觉得这似乎没有什么用,仍旧很烦恼。秀才离开了农田,继续上路了。

这天,秀才到了一座山脚下,正好看到一位白发老翁在山边的河里钓鱼,看到白发老翁神情怡然,自得其乐的样子,秀才又走了上去,对老翁说:"老人家,你能教我如何解脱身上的痛苦和烦恼吗?"白发老翁对秀才说;"年轻人,和我一起钓鱼吧!保管你的烦恼和痛苦一扫而空。"秀才又试了试,可仍然没有什么效果,便又无奈地上了路。

几天以后,秀才来到了一个小小山庙里,在那里秀才看到一位老人独坐在棋盘边上下棋,老人面带满足的微笑。秀才向老人深深鞠了一个躬,对老人说明来意。老人面对微笑地看着秀才,问道:"我知道你的来意了,你希望找到一位智者帮你解脱烦恼与忧虑是吗?"秀才高兴地回答道:"正是如此,希望前辈能帮我这个忙。"

　　老人转过身去在棋盘上下了一颗棋子，又问秀才："你看这棋盘上白子困住黑子了吗？"

　　"没有。"

　　"那么，有困难困住你了吗？"老人问道。

　　年轻人疑惑地答道："没有。"

　　"既然没有人困住你，又怎么来解脱你呢？"老人说。

　　秀才在那儿站了良久，然后整个人仿佛都变了一样，笑着对老人说："谢谢老人家，我懂了。"

　　老人的一番话使年轻人明白了一个道理：在生活中，很多烦恼都是人们自找的，所有的烦恼和忧虑都是自己把自己困住了，与别人无关。

　　相信很多人都曾遭遇过类似的经历。例如，我们每天都在想自己会不会失业；会不会迟到；今天是否能将领导安排的任务做好。这样做不但会使生活充满忧虑和苦恼，精力也会因此而不能集中，那么，原本能做好的事情，往往会被自己搞砸。

　　担忧是最容易导致人们变得忧虑的，如果你总是为某些尚未发生的一些事情担忧，那你的生活将很难有快乐存在。退一步想，就以上面的几个例子来说，即便是真的失业了又有什么可怕的呢？我们可以再去找更好的工作。"以统计学来说，最坏和最好的情况出现的概率都是微乎其微的，同时它们的机会也大略相等，所以你不必担心。更何况，如果最坏的结果真被你碰到了，你又能怎么办？你的担心能够改变结果吗？"

　　在现实生活中，人们常常会遇到各种各样的困难。相信谁也不想陷入困难的沼泽里一卧不起，我们来不及哀叹和埋怨，更没理由因为害怕失败而止步不前，只有杜绝消极情绪，时时激励自己及时地调整自己的精神状态，才能使自己从阴影中走出来，继续开始追求成功的征程。

杜绝浮躁心理

人不能心浮气躁，静不下心来做事。荀况在《劝学》中说："蚯蚓没有锐利的爪牙、强壮的筋骨，但却能够吃到地面上的黄土，往下能喝到地底下的泉水，原因是它用心专一。"

这种人因为轻浮、急躁，对什么事情都深入不进去，只知其一，不究其二，往往会给工作、事业带来损失。所以，浮躁的心态是要不得的，它是阻挡我们幸福生活和收获成功的顽石，必须清除。在追求成功的路上，容不得浮躁的心态。"三天打鱼，两天晒网""当一天和尚撞一天钟"都是浮躁的表现。我们要清除浮躁，要踏实、谦虚，戒躁是要求我们遇事沉着、冷静，多分析多思考，然后在行动，不要这山望着那山高，干什么事情都干不稳，最后毫无收获。因为成功往往不会一蹴而就，而是饱含着奋斗者的汗水和心血，苦尽才能甘来。

有一座禅院住着老和尚和小和尚师徒两个人。

在炎热的三伏天，禅院的草地枯黄了一大片。"快撒些草籽吧，好难看呀！"徒弟说。"等天凉了，随时。"老和尚挥挥手说。

中秋到了，老和尚买了一大包草籽，叫小和尚去播种。秋风突起，草籽四处飘舞，"不好，许多草籽被吹飞了。"徒弟喊。"没关系，吹去者多半中空，落下来也不会发芽，随性。"老和尚说。

刚撒完草籽，几只小鸟就来啄食，徒弟又急了。"没关系，草籽本来就多准备了，吃不完，随遇。"老和尚继续翻着经书说。

恰巧半夜一场大雨，小和尚冲进禅房："这下完了，草籽被冲走了。""冲到哪儿，就在哪儿发芽，随缘。"老和尚正在打坐，眼皮抬都没抬。

不久，光秃秃的禅院长出青草，就连一些未播种的院角也泛出绿意，望着禅院每个角落泛出的绿意，徒弟高兴得直拍手。老和尚站在禅房前，微笑点点头："随喜。"

故事中徒弟的心态是浮躁的，常常为事物的表面所左右，而师父的平常心看似随意，其实却是洞察了世间玄机后的豁然开朗。

在这个千变万化的世界中，人人都可能有过浮躁的心态，这也许只是一个念头而已。一念之后，人们还是该做什么就做什么，不会迷失了方向。然而，当浮躁使人失去对自我的准确定位，使人随波逐流、盲目行动时，就会对家人、朋友甚至社会带来一定的危害。这种心浮气躁、焦躁不安的情绪状态，往往是各种心理疾病的根源，是成功、幸福和快乐的绊脚石，是人生的大敌。无论是做企业还是做人都不可浮躁，如果一个企业浮躁，往往会导致无节制地扩展或盲目发展，最终会失败；如果一个人浮躁，容易变得焦虑不安或急功近利，最终迷失自我。

有一位年轻人，他对大学毕业之后何去何从感到彷徨，因为他没有考上研究生，不知道自己未来的发展；他的女朋友将去一个人才云集的大公司，很可能会移情别恋……别的同学都主动去联系工作单位，而他成天借酒浇愁，无论做什么都充满浮躁、提不起来一点儿精神，天天混在宿舍里，无动于衷，甚至天天梦想着时来运转。他还经常和同学争吵，从没有耐心地做好一件事，最后他的同学几乎都找到了自己的工作。而他却烦恼丛生。

于是，他去找心理医生。心理医生说："浮躁，无病呻吟。你看过章鱼吧？有一只章鱼，在大海中，本来可以自由自在地游动，寻找食物，欣赏海底世界的景致，享受生命的丰富情趣。但它却找了个珊瑚礁，然后动弹不得，焦躁不安，呐喊着说自己陷入绝境，你觉得如何？"心理医生用故事的方式引导他思考。

心理医生提醒他："当你陷入烦恼的浮躁反应时，记住你就好比那只章鱼，要松开你的手，用它们自由游动。阻碍章鱼的正是自己的手臂。"

就像本例一样，人心很容易被种种烦恼所捆绑。但都是自己把自己关进去的，心态浮躁是自投罗网的结果，就像章鱼，作茧自缚，而从不想着走出来，最后让浮躁毁了自己。

就像文中那样，有些人做事缺少恒心，见异思迁，急功近利，不安分守己，总想投机取巧，成天无所事事，脾气大。面对急剧变化的社会，他们不知所措，对前途毫无信心，心神不宁，焦躁不安，丧失了理智，做事莽撞，缺乏理性，甚至会做出伤天害理和违法乱纪的事情来。

一个时期以来，特别是目前，人们生活水平提高了，度过了那些挨饿的年月，但人的欲望也在一天天地滋长着。一些刚走出象牙塔的大学生，有一种急切地展现自己价值的渴望，他们想急于把花掉的大把学费挣回来，想急着为他花光积蓄的父母表示一下孝心，还急着找自己的配偶，急着买房、买车……的一切，其实哪一项也得花费不菲的钱财。对于刚出校门的他们来说，确实是一项沉重的负担。

当这些欲望得不到满足时，他们越想得到，于是，浮躁的心态产生了，做事情没有仔细的态度，比如阅读，从来不会静下心来看看书中的精髓，由于心不在书，所以眼睛一掠而过，书反而成了消磨时间的工具。

人们之所以陷入浮躁的误区，原因就是失衡的心态在作祟。当自己不如别人，当压力太大、过于繁忙、缺乏信仰、急于成功、过分追求完美等等问题出现而又不能得到满意解决时，便会心生浮躁。或者说，浮躁的产生是因为心理状态与现实之间，发生了一种冲突和矛盾。

我们可能不时地需要同浮躁作不屈的斗争，有时甚至要用一生的代价去搏斗。比如，官员如果浮躁，他就会为了升迁而不择手段，甚至会做出损害人民的事来；做人如果浮躁，就会急于求成，会让人势利、浅薄。

　　其实，一些所谓远大的理想也不是那么高不可攀，只是我们太过浮躁，浮躁使我们的生活处于杂乱无序的状态之中。为此我们会自己管不住自己，我们就会被浮躁所左右，结果是一无所获，只得悲壮地说，从头再来吧。当前，浮躁之风已经遍及我们生活的角角落落。

　　说什么车水马龙、琼楼玉宇、鱼翅燕窝……这个处处膨胀着欲望的时代使我们很容易地进入浮躁的怪圈。

　　不论做什么都来不得半点的浮躁之风，做好任何一件事情，都需要付出相当的精力和体力。如果浮躁，做事的质量就会大打折扣。一个人浮躁，个人就不会成功；一个企业浮躁，企业可能从此走向下坡路。我们只有静下心来，踏实而心无旁骛地做事，才不会受浮躁消极心态的控制。

化解压力

世界名著《简·爱》的作者夏洛克·勃朗蒂说："人活着就是为了含辛茹苦。"人的一生肯定会有各种各样的压力，于是，内心总经受着煎熬，但这才是真正的人生。人无压力轻飘飘，事实上，压力并不完全就是坏事，它也是成就辉煌的最雄厚资本。

压力是一种认知，是在个人认为某种情况超出个人能力所应付的范围时所产生的。我们常常认为压力是外来的，一旦碰到不如意的事情，就认为那是压力。这就要求我们对压力有个正确的认识，一个人能否顺利应付压力，取决于他对压力的认识和态度。

西班牙人爱吃沙丁鱼，但在古时候，由于渔船窄小，加之沙丁鱼非常娇贵，它们极不适应离开大海之后的环境。所以每次打鱼归来，那些娇嫩的沙丁鱼基本都是死的，这不但影响了沙丁鱼的食用味道，而且价格也差了好多。为延长沙丁鱼的活命期，渔民想了很多办法。后来，渔民想出一个法子，将几条沙丁鱼的天敌鲶鱼放在运输容器里。沙丁鱼为了躲避天敌的吞食，自然加速游动，从而保持了旺盛的生命力。最终，运到渔港的就是一条条活蹦乱跳的沙丁鱼。

　　从沙丁鱼的例子中，我们可以看出适当的竞争犹如催化剂，可以最大限度地激发人们体内的潜力。当人们感受到压力存在时，为了能更好地生存发展下去，必然会比其他人更用功。

　　美国麻省理工学院曾经做了这样一个很有意思的试验：试验人员用一个铁圈把一个成长中的小南瓜圈住，以便观察南瓜在生长过程中这个铁圈承受的压力能有多大。第一个月测试的结果是南瓜承受了500磅的压力。第二个月，测试的结果是南瓜承受了1500磅的压力，这个结果完全超出了原先的估计。等到第三个月时，测试的结果简直让大家目瞪口呆，这个小小的南瓜竟然承受了3000磅的压力。当充满好奇心的试验人员打开这个不同凡响的南瓜的时候，发现这个南瓜被铁圈箍住的部分充满了坚韧牢固的纤维层，而且南瓜的根系也伸展到了整个试验土壤。

一个小小的南瓜为了冲开铁圈的束缚，尚能够承受如此巨大的压力，并且积极地把压力转化成生存的力量。同理，企业中的员工，在你所处的工作环境下怎么能够不承受工作的压力呢？其实，大多数的员工都能够承受超出他们想象的工作压力，因为他们本身就拥有比自己想象中大得多的潜能。

压力，是磨炼成功者的试金石。诸如，在职场上的竞争、忙碌会给人以无形的压力，有些人被压垮了，有些人却可以把压力变成燃料，从而让生命更猛烈地燃烧。优秀的员工不但能够承担来自各个方面的压力，还能够在环境相对轻松的时候给自己"加压"。聪明的员工总是在自己的背后放一根无形的鞭子，让自己在工作过程中的每一秒都处在适当的压力下，这样才有一种紧迫感，才能在工作中保持始终如一的韧劲。企业也总是在不断地给员工施加适当压力的过程中，逐渐淘汰那些不能顶住压力的员工，以保持企业的活力与竞争力。

小杜在一家外企工作，近来因工作压力较大，时常出现头痛、失眠、四肢乏力、记忆力减退等现象，同时经常烦躁不安，动不动就想发火。到医院检查后经医生诊断，并没有发现什么疾病，只不过是由于工作压力太大而导致身体处于亚健康状态。

　　在现代都市生活当中，像小杜这样的情况并不是个别现象，并且随着社会竞争的加剧，巨大的无形压力正在追赶着上班族。据调查，目前有80%以上的上班族认为自己缺乏职业安全感、担心失业、觉得工作不稳定、缺少归属感、对工作前景感到忧虑、在工作中经常被挫伤自尊心等。这些无形的工作压力会在人的生理和心理方面引起各种不良反应，容易使人产生头痛、失眠、消化不良、精神紧张、焦虑、愤怒以及注意力不集中等症状，严重的还会表现出抑郁症的征兆，如孤僻、绝望，甚至自杀等。

　　工作中有压力是正常的，在我们的工作当中，每个人都会或多或少地遇到各种压力。既然压力是不可避免、又不可消灭的，那么我们就要学会自我减压，使压力保持在我们能够承受的限度之内，不要发生"水压过大，胀爆水管"的可怕事故。要化解压力，就要不断地为自己设定目标，自我加压。处在各种压力之下，你也要善于调整自己的心态。压力是阻力，但压力也是提高你自身能力的催化剂，如果你在面对压力时一味地害怕、困惑，那就很容易被压力打垮。但如果你采取了积极的态度去面对，最后就会发现，其实压力也没什么大不了的。

　　斯巴昆说："有许多人一生的伟大，来自他们所经历的大困难。"宝剑的锋利是从通过高温炉火的煅烧和无数千锤百炼中铸造出来的。有很多人本来具有担当大任的能力，但由于一生都在没有风雨的温室环境中度过，他们没有经历过风雨的洗礼，其内在潜伏的能量难以发挥，这就注定其默默无闻的平庸人生。因此，适当的压力对于我们来说，并不是我们的死敌，而是得以磨砺而出的熔炉，经过它的煅烧，使我们具有了可以适应任何环境的能力。特别是在这个竞争激烈的社会里，适当的压力可以让我们在众多竞争者中胜出。

战胜恐惧

　　恐惧是一种带有强迫性质的、不以人身体的意志和愿望为转移的情绪。恐惧能摧残一个人的意志和生命。它能影响人的胃、伤害人的修养、减少人的生理与精神活力，进而破坏人的身体健康。它能打破人的希望、消退人的志气，使人的心力"衰弱"，每遭遇到困难都会望而却步。

　　依曼努尔·康德说："恐惧和懦弱是对危险自然的厌恶，它是人类生活中不可避免和无法放弃的组成部分。"

　　任何人或多或少地都会有恐惧心理。当遭遇困境的时候，人都会害怕，但怕归怕，千万不要输给眼前的敌人。

　　有一位名人说过，机会都是给那些不畏艰难困苦的人准备的。安逸的生活环境好像温室中一样，温室里的花朵是体会不出梅花那种傲立风雪的境界的。其实生活总是青睐于那些具有风险意识、勇敢无畏和敢于探索和尝试的人的。如果只注意风险，就像上文中的故事那样，这个世界上就不会有一处让你感到安生的地方，就会处处有等待你的陷阱、处处有等待你的危机。唯有那些勇于追求、实现追求的人才能领略到人生的最高的喜悦和欢愉。

迈克·英泰尔是一个非常胆小的人，他几乎对生活的一切都害怕得要死，自打小的时候，就怕保姆、怕邮递员、怕鸟、怕蛇、怕大海、怕城市、怕荒野、怕黑暗、怕热闹又怕孤独……就这么一个胆小鬼，居然当了记者。

转眼间，他到了37岁，他常为自己怯弱的上半生而哭泣，在一个午后，由于恐惧，精神几近崩溃的他又突然哭了，哭泣的原因是由于一个问题：如果有人说今天自己必须得死，问自己会感到后悔吗？他的答案竟是非常肯定。虽然他有自己的好工作、亲友和美丽的女友，他那平顺的人生从没有出现过高峰或谷底。

从没有下过赌注的他，突然心头涌上一个念头，他决定选择北卡罗来纳州的恐怖角作为他的最终征服目的，来达到他征服生命中所有恐惧的目的。

于是，他做出了一个疯狂的举动：放弃令人美慕的记者工作，把随身携带的3美元施舍给了街边的流浪汉。只带了干净的内衣裤，从美国西南岸的加利福尼亚，靠着搭便车与一群陌生的人横跨美国，他的目的地是北卡罗来纳州的恐怖角。

走前，他曾接到奶奶写给他的纸条：你一定会在路上被人杀掉。但他最后却成功了，整个行程有4000多公里，依赖80多个好心人吃了78顿饭。

整个行程中，他没有接受任何人的钱物，在雷雨交加的夜晚，他就睡在潮湿的睡袋里，也有一些像抢匪或杀手的人让他心生恐惧。有时，他靠打工换取住宿，还碰到一些好心人。到了后来，他终于到了恐怖角。

他挑战恐怖角，恐怖角其实并不恐怖，这个地名是一位16世纪的探险家起的，本来叫"CAPE FAIRE"后来被讹传为："CAPE FEAR"。

这使迈克理解到这个地名的不当，就像自己心生恐惧一样，其实自己不是恐惧死亡，而是害怕生命。

他用了6个星期的时间，到了一个自己陌生的地方，虽然没有得到什么，但他注重的是过程。通过这次冒险的经历，可以在他的回忆中增加勇气和信心，好像他生活的人生一样。对于人生的事情，我们不要杞人忧天，事情该怎么做就怎么做，不要由于其他的原因，而耽误了自己前进的脚步。

恐惧是我们的大敌，它会找出各种各样的理由来劝说我们放弃。它还会损耗我们的精力，破坏我们的身体。总之，它会用各种各样的方式阻止人们从生命中获取他们所想要的东西。

真正成功的人，不在于成就大小，而在于你是否努力地去实现自我，喊出自己的声音，走出属于自己的道路。大文豪萧伯纳说过："困难是一面镜子，它是人生征途上的一座险峰。它照出勇士攀登的雄姿，也显示出懦夫退却的身影。"一个人无论做任何事情，要想获得成功，就必须有面对各种苦难的勇气，必须正视出现的挫折与失败。只有那些具有勇气的人，才不会被种种困难所带来的恐惧所吓倒，才能真正实现超越自我目标，达到希望的顶峰。

恐惧是人生命情感中难解的症结之一。面对自然界和人类社会，生命的进程从来都不是一帆风顺的，谁都避免不了会遭遇各种各样、意想不到的挫折与苦难。当一个人预料到将会有某种不良后果产生或受到威胁时，就会产生这种不愉快的情绪，并为此紧张不安，焦虑、烦恼、担心、恐惧，程度从轻微的忧虑一直到惊慌失措。

任何人都可能经历某种困难或危险处境，从而体验不同程度的焦虑。恐惧作为一种生命情感的痛苦体验，是一种心理折磨。人们往往并不为已经到来的，或正经历的事感到惧怕，而是对结果的预感产生恐慌，为生活中等等坏事情的发生而担忧。

恐惧完全是我们的一种消极思想。如果你也有这样的思想，就要努力让自己克服。当然，我们不可能将其连根铲除，但却至少应该将其控制在一定的范围之内。如果让它成为你生命中的主宰，那么在生活中你也就会举步维艰了。

在拿破仑·希尔用来撰写成功学书籍的打字机前面，悬挂着一个牌子，其中用大写字母写下了下面一些字句："日复一日，我在各方面都将获得更大的成功。"

一名怀疑者在看到这个牌子之后，问拿破仑·希尔是否真的相信"那一套"。拿破仑·希尔回答说："我当然不相信。这个牌子'只不过'协助我脱离了我们本来担任矿工的那个煤矿坑，并且我在这个世界里谋得一席之地，使我能够协助10万人力争上游，在他们思想中灌输与这个牌子内容相同的积极思想。所以，我何必相信它呢？"

　　这个人在起身准备离去时，说道："好吧，也许这一套哲学有它的一点儿道理，因为我一直害怕自己会成为一名失败者，到目前为止，我的这种恐惧可以说已经彻底实现了。"

　　你若不是逼迫自己走向贫穷、悲哀与失败，就是正引导着自己攀向成功的最高峰，这完全取决于你是采取那一种想法。这就是说，恐惧是可以被克服、被打败的，只要我们了解资源是存在于我们自身，而不是在世界上的某个地方。

　　对于任何人而言，真的没必要对任何事情产生恐惧。其实，恐惧只不过是一种隐性的障碍罢了。就如怕了一辈子鬼的人，却一辈子也没有遇见鬼一样，恐惧不过是自己吓唬自己。很多人遇到棘手的问题的时候，就会想出很多莫须有的困难，把所面临的困境无限扩大，这无疑使自己产生了恐惧感。其实无论遇到什么事情，只要大胆去做，就会发现事情远没有想象的那么可怕。正如马克·吐温所说："勇气不是缺少恐惧心理，而是缺少对恐惧心理的抵御和控制能力。"纵观整个世界的发展史，每个人的失败都是不值得一提的，重要的是你曾经放手拼搏的过程。那些古今中外的成功人士，留给我们的不仅是他们的辉煌，更重要的是应该学习他们曾经为了战胜困难不断尝试的勇气。

清除内心的障碍

有些时候，阻碍我们去发现、去创造的，仅仅是我们心理上的障碍和思想中的顽石。

有一块宽度大约有50厘米，高度有10厘米的大石头，摆在一户人家的菜园里，每当人们从菜园走过，都会不小心踢到那块大石头，不是跌倒就是被擦伤。

"父亲，为什么不把那块讨厌的石头挖走？"儿子愤愤地问道。父亲回答说："谁让你走路一点儿都不小心呢！它摆在那儿，还能训练你的反应能力。要把它挖走可不是件容易事，它的体积那么大，你没事无聊挖什么石头呀！在你爷爷那个时代，它就一直在那儿了。"

就这样又经过了几年，当时的儿子娶了媳妇，也当了爸爸，然而这块大石头还摆在菜园里。有一天，儿媳妇气愤地说："父亲，菜园那块大石头，我越看越不顺眼，改天请人搬走好了。"

父亲回答说："算了吧！那块大石头很重的，可以搬走的话在我小时候就搬走了，哪会让它留到现在啊？"大石头不知道让她跌倒多少次了，儿媳妇心底非常不是滋味。

有一天早上，儿媳妇带着锄头和一桶水，将整桶水倒在大石头的四周。十几分钟后，儿媳妇用锄头把大石头四周的泥土搅松。儿媳妇早有心理准备，可能要挖一天吧，谁都没想到几分钟就把石头挖起来，看看大小，这块石头没有想象的那么大，人们是被那个巨大的外表蒙骗了。

你抱着下坡的想法爬山，便不会爬上山去。如果你的世界沉闷而无望，那是因为你自己沉闷无望。改变你的世界，必先改变你自己的心态。搬走那块顽石。

不要把自己当作鼠，否则肯定被猫吃。

善于化解心中之结

德国著名哲学家、诗人、散文家尼采说："你们所遇见的最大的敌人乃是你自己，你埋伏在山里的森林中，随时准备偷袭自己。你这个孤独者所做的，是追求自我的道路！你应该随时准备自焚于自己点燃的烈火中。倘若你不先化为灰烬，如何能获得新生呢！"

佛祖释迦牟尼在晚年曾告诉他的门徒说："我第一次感受到解脱意外的出现是在我离家之前，那时我还是个孩子，每天坐在一棵菩提树下沉思，后来，我发现自己沉浸在日后认定是专心不乱的第一个层次。这乃是我第一次品尝到解脱的滋味，于是我告诉自己'这就是看到了启悟的路。'所以我决定把生命完全奉献给精神上的探险。"结果，正如我们所知道的，不单单只是一个新的生命哲学的产生，它更是一种以新的人生方式来体验世界的方式。

有一个故事讲的是一个樵夫上山砍柴，无意间在山上遇见一个奇怪的人，那人的外表只有一层薄膜一样的皮肤，五脏六腑都看得清清楚楚，五颜六色非常奇怪。

樵夫问："你是什么人？怎么长成这个样子？"

透明人回答说："我的名字叫'妙听'，我不是人，是妖怪。"

樵夫说："你是妖怪？妖怪都该有特别的本事，你有什么本事呢？"

透明人说："我只有一个特别的本事。你看我的身体是不是透明的？这就是我的本事。所有人在我面前都会变成透明的。我不但可以看见人的五脏六腑，还可以看见人的隐私、思想和一切的秘密。简单地说，我会'读心术'，所以才叫作'妙听'。"

"你可以知道人的隐私、思想和一切秘密，那多可怕呀！"樵夫心里想着，问妖怪说："妙听先生，那么今天我怎么会遇见你呢？"

透明人说："我正要去惑乱人间呢！我打算把妻子的心思

告诉丈夫，把丈夫的心思告诉妻子，让夫妻失去和睦。我打算把朋友之间相互隐藏的秘密告诉对方，让朋友反目。我打算东说说，西说说，把东家最不想让西家知道的事情告诉西家；再把西家最害怕东家知道的事情告诉东家……我不必使用特别的妖术，只靠这张嘴巴，不久之后，的确就毁灭了！"

樵夫越听越可怕，想到人间从此没有隐私和秘密，即使是暗中乱想的心思也会被公之于众，这世界会变得多恐怖呀！樵夫这样想着，他就有了这样一个想法："趁这只妖怪还没有到人间作乱之前，在山上把它杀了吧！"

当他想到这里，妖怪妙听突然大笑："哈哈哈！你刚刚在想，趁我还没有到人间作乱，先把我杀了！你怎么可能杀死我呢？不管你想什么，我都会先知道的！"

樵夫暗暗心惊，假装成浑然不知的样子。

妖怪说："你想装成浑然不知的样子，趁我不注意时杀掉我，哈哈哈……"

樵夫恼羞成怒，拿起斧头就向妖怪砍去，左砍右砍，上砍下砍，不管他怎么砍，斧头还没有下来，妖怪已先"读"出了砍下的方向，妖怪一边闪躲，一边不断地嘲笑樵夫。

最后，疲惫不堪的樵夫颓然坐在地上，无奈地对妙听妖怪说："既然杀不了你，你也没有本事害我，我不管你了，我还是砍柴吧！"

休息了一下，樵夫继续认真地砍伐树木，尽管妖怪在一旁干扰，他却视而不见，完全忘记了妖怪的存在。他进入了无心境界。他的手一滑，斧头飞了出去，正好砍中了妖怪的眉心。

所以，无论任何人，只要我们的心能够达到一种平和，我们才能在这个社会中左右逢源，许多棘手的问题也能迎刃而解，许多人间的美景才能尽收眼底。如果做不到这点，他的人生就不会快乐。

有一个故事讲的是一个人夜里做了一个梦，在梦中他看到一位头戴白帽、脚穿白鞋、腰佩黑剑的壮士，向他大声责骂，并向他的脸上吐口水……于是他从梦中惊醒过来。

第二天早上，他闷闷不乐地对他的朋友说："我自小到大从未受过别人的侮辱。但昨夜梦里却被人骂并吐了口水，我心有不甘，一定要找出这个人来，否则我将一死了之。"

于是，他每天一起来便站在人来人往的十字路口寻找这梦中的敌人。几星期过去了，他仍然找不到这个人。

　　这个故事说明了什么？他告诫我们，人常常会假想一些敌人，然后在内心累积许多仇恨，使自己产生许多毒素，结果把自己活活毒死。

　　你是不是心中也还怀着一股怒气呢？要知道这样受伤害最大的是你自己，何不看开点，让自己的心得到修炼，还给自己一个快乐的天堂呢？

追求心灵的平静

心灵的平静是智慧美丽的珍宝，它来自于长期且耐心的自我控制。保持心灵的平静意味着一种成熟，以及对于事物运转规律的一种不同寻常的了解。

一个人能够保持心灵平静的程度与他对自己的了解息息相关。人是一种思想不断发展变化的动物，要了解自己，首先必须通过思考了解他人。当他对人对己有了正确的理解，并越来越清晰地看到事物内部相互间存在的因果关系，这时的他就会停止大惊小怪、勃然大怒、忐忑不安或是悲伤忧愁，他会永远保持处变不惊、泰然处事的态度。

心灵平静的人知道如何控制自己，在与他人相处时能够适应他人，而他人反过来会尊重他的精神力量，并且会以他为楷模，依靠他的力量。一个人越是处事不惊，他的成就、影响力和号召力就越大。即使是一个普通的商人如果能够提高自我控制和保持心灵平静的能力，那他也会发现自己的生意蒸蒸日上，因为人们一般都更愿意和一个沉着冷静的人做生意。

无论是狂暴雨还是艳阳高照，无论是沧海巨变还是命运逆转，心灵平静的人永远都是平静、沉着、待人友善，他宛如烈日下一棵浓荫片片的树，或是暴风雨中抵挡风雨的岩石。也正因此，心灵平静的人总是受到人们的爱戴和尊敬。试问，又有谁会不爱一个心灵平静、不愠不火、温柔敦厚的生命？

平静的心灵是生命盛开的鲜花，是灵魂成熟的果实，它和智慧一样宝贵，其价值胜于黄金——是的，比足赤真金还要昂贵。但遗憾的是，在现实生活中，我们碰到的能够真正保持一颗平静心灵的人却是寥若晨星。

我的朋友给我说过一个故事。前几天他坐公交车回家，车上的人很多，到处都站满了人。在车站等车的时候，他前面是两位姑娘，她们很亲热地挽着手，其中一个女孩个子有些高。

个儿高的女孩从背影看上去很标致，一看就让人想到活力四射，她的头发是染成金色的，穿的是今年最流行的吊带，整个儿的一个时尚都市女孩，而且在她的身上还隐隐有一种难以说出的香味。

两个女孩站在那里不时地说着什么，而高个子女孩时不时还会快乐地笑出来，她的笑声很甜，让很多人都转过了身子来注视她，但大家的目光里有着一丝不解和一丝惊讶。

这种不解和惊讶，让他猜想是不是一位很漂亮的女孩，当时他也有一种冲动，想去看看女孩长得是怎么的漂亮，但是女孩一直没有回头。一段时间过去后，两个女孩唱起了歌，个高女孩的歌声更让人难以置信，她唱得太好了。朋友的心里想，只有幸福和对自己长相很自信的人，才能在人群里这样歌唱，这样更加让朋友想知道她长得什么样了。

很巧，朋友和那两个女孩在同一个车站下车了。朋友出于好奇心理，大步地走了上去，可是当他看到高个儿女孩的脸后，他惊呆了，也同样明白了车上乘客为什么会有那样的表情了，女孩的脸是一张被烧坏了的脸，就算用触目惊心来形容也不算过分。我的朋友很佩服那个女孩子，因为女孩在那样的情况下，还会有那么快乐的心境，这是我的朋友不及的。

是啊，许多人都因为心灵骚动不安、浮沉波动，又缺少自我控制，而毁灭了一切真与美的事物，同时也葬送了自己平稳安静的性格和原有的幸福生活，并将不好的影响四处传播。

人心因为毫无节制的狂热而骚动不安，因不加控制的悲伤而浮沉波动，因为焦虑和怀疑而饱受摧残。只有明智的人，能够控制和引导自己思想的人，才能够让自己的心灵在暴风雨中，依然平静如亘古清潭。

经历了暴风骤雨的人们，无论你们身处何方，无论你们身处何境，都请对你的心说："平和，安静!"

第四章

懂得进退

把握进退之机

一条激流奔涌前行，没有人可以阻挡它的步伐，在它的心里，目标就是自己前进的动力，它可以忍受曲折回环的煎熬，可以承受烈日似火的炙烤。它善于把握一切时机让自己前进，直到遇到可以容纳它的大海时，才会停下自己的脚步，在大海的怀抱中享受自己得到的幸福。那时的它，即使明知远方有更美丽的风景也丝毫动摇不了它的决心。所以，它有自己进退的原则，更知道自己该在什么时候进退。

春秋时期，吴越争霸，文仲和范蠡一起为越国的兴起立下了汗马功劳，文仲本以为自己凭着一身的功劳完全可以在朝中立足。却没想到面对满朝功臣，勾践表面上对大家表示感谢，却在心里对这些战功赫赫的功臣产生了极端的防备心理，他不愿这些功臣在他的周围陪伴，害怕有朝一日江山会被这些功臣动摇，于是起了杀心。

　　面对此情此景，聪明的范蠡很清楚"狡兔死，走狗烹；敌国灭，谋臣亡"的道理。他坚决向勾践辞行，勾践当时尽管极力挽留，并说了"与君共分天下"的谎话，但范蠡不为所动，带着西施和珠宝偷偷地跑到了齐国，并改名换姓成了一代商圣。范蠡走时没忘给文仲留下书信，劝他尽早离开，可文仲没有听范蠡的劝告，最后被勾践逼死。

　　同样是谋臣，结果却大不相同，不是因为谁的智商更高一点，而是因为谁能够更清醒地知道进退的先决条件。范蠡明白自己在和平年代就没有了可以被利用的价值，留在勾践身边只会大祸临头，所以，他决定"退"，归隐于世，安安稳稳地做一个商人。他的"退"不仅让自己躲过了灾难，还得到了财富和爱情，可谓人生之最大幸事。而文仲的侥幸心理使得自己不仅没有得到想要的结果，反而葬送了自己的性命。他的"进"是一种不明智的进。所以，古人说："进一步山穷水尽，退一步海阔天空。"实际上，进退之道是一种中庸的处世方式。该进的时候不进就会失了时机，该退的时候不退会招致祸害。一个聪明的人不仅要有判断进退时机的慧眼，还应有选择进退的勇气，这样才会在主动中化解面临的困难，从容地面对一切困境。

肯尼迪参与竞选参议员的时候，他的竞选对手在最关键的时候抓到了他在学生时代因为欺骗而被哈佛大学退学的把柄。对于一个参议员而言，这样的丑闻足可以置对手于死地，竞争对手只要充分利用这个污点，就可以让肯尼迪的政治生涯黯然无光。当时的肯尼迪很爽快地承认了自己的确曾犯了一项很严重的错误，他说："我对于自己曾经做过的事情感到很抱歉。我是错的。我没有什么可以辩驳的余地。"肯尼迪这么做，就等于自动退缩了。结果，肯尼迪并没有因为自己的过失失去竞选的机会，他赢得了胜利。这就是"退"的力量。

因此，在什么时候进退，一定要有自己的原则，不要在不能进的时候勉强进，也不要在不能退的时候退步。聪明地看清世事，准确地把握进退之机是我们应该学会的生存智慧。

以退为进

在这个复杂多变的社会中，我们需要这样的智慧，在不合时宜的时候，让自己姑且隐忍，以退为进，等到积聚了一定的力量，等到了良好的时机，再将自己的威力释放出来，这是最明智的做法。

古人很早就明白对待洪水的肆虐"导"胜于"堵"，因为这种看似极为柔弱的东西一旦被封堵，就无异于让它积聚了更大的力量进行反攻，给了它一个以退为进的机会，这样做的结果不是在解决问题而是在加重问题的严重性。所以，如果我们学会了运用"以退为进"的生存方式，就会发现许多事可以在这种巧妙的斡旋中解决。

我有一位朋友是计算机博士，毕业后想在公司里找工作，奇怪的是许多公司得知他是计算机博士后都不愿录用他。不明原因的他把自己锁在家里想原因，最后他得出这样的结论：他的学位高，架子高，待遇要求高，经验却相对要少。录用这样的一个人对于任何一个讲究实效的公司来讲，还不如录用一个有实际操作经验、有能力、具备团队合作精神的较低学历的人。想到这些，他知道解决这一难题的最好方法就是：放低姿态，脚踏实地地积累经验，采取以退为进，先低后高、先小后大的迂回战术取胜。于是，他收起了所有的学位证明，以一个普通学生的身份去求职。

不久，他就被一家软件公司录用为程序输入员。慢慢地，老板发现他不仅能够准确地录入程序，还可以准确地判断出程序中出现的错误。老板很惊讶，认为一个普通的程序员不可能做到这么好。于是，老板主动找他谈了一下，他不失时机地亮出自己的博士学位证，并如实地说明找工作遇到的所有困难。经过一番了解，老板对他的能力有了一个全面的认识，就毫不犹豫地重用了他。如今，他已经成了这家公司不可缺少的人物。

我这位朋友的做法看上去是降低了自己的身价，但是，假如当时他没有那么做，即使他有再大的本领，也没有可以发挥自己才能的舞台。所以说，如果你有本领，但不被人看好，那也

没有关系。只需要踏踏实实地做好自己该做的事，用自己看似
"退步"的行动积累经验，机会来时积极地展露才华，别人才会
改变对你的看法。相反，假如你一上来就说自己是一个无人能及
的才子，就容易让人对你心存很高的希望值，而希望值越高就越
容易引起别人的失望。这样的效果恐怕没有人愿意看到。

　　所以，在为人处世的时候我们应该学会低调，学会在退的
基础上求得进步，树立自己的优势。

　　春秋战国时期，楚王有三个儿子，特别是他的三儿子季
札，多才多艺，人也非常贤能。当楚王要把王位传给他的时候，
他说："上有长兄，应由长子即位才合法统。"长兄去世以后，
群臣因其贤能，又一次举荐他为王，他却推辞说："自己还有次
兄……"等到次兄也死了以后，楚国的百姓又推举他做楚王，希
望一个贤能的人来领导楚国，把楚国带向繁荣富强。

　　这时他又说"父死子继"，应该由先王的儿子来继任王
位，所以他仍然不去就任。因此，他在我国历史上留下了贤名。

　　汉代公孙弘年轻时家贫，后来贵为丞相，但生活依然十分
俭朴，吃饭只有一个荤菜，睡觉只盖普通棉被。就因为这样，
大臣汲黯向汉武帝参了一本，批评公孙弘位列三公，有相当可

观的俸禄，却只盖普通棉被，实质上是使诈以沽名钓誉，目的是为了骗取俭朴清廉的美名。

汉武帝便问公孙弘："汲黯所说的都是事实吗？"公孙弘回答道："汲黯说得一点儿没错。满朝大臣中，他与我交情最好，也最了解我。今天他当着众人的面指责我，正是切中了我的要害。我位列三公而只盖棉被，生活水准和普通百姓一样，确实是故意装得清廉以沽名钓誉。如果不是汲黯忠心耿耿，陛下怎么会听到对我的这种批评呢？"汉武帝听了公孙弘的这一番话，反倒觉得他为人谦让，就更加尊重他了。

公孙弘面对汲黯的指责和汉武帝的询问，一句也不辩解，并全都承认，这就是以退为进的策略的运用。汲黯指责他"使诈以沽名钓誉"，无论他如何辩解，旁观者都已先入为主地认为他是在继续"使诈"。公孙弘深知这个指责的分量，所以他不作任何辩解，承认自己沽名钓誉。这其实表明自己至少"现在没有使诈"。由于"现在没有使诈"被指责者及旁观者都认可了，也就减轻了罪名的分量。公孙弘的高明之处，还在于对指责自己的人大加赞扬，认为他是"忠心耿耿"。这样一来，便给皇帝及同僚们这样的印象：公孙弘确实是"宰相肚里能撑船"。既然众人有了这样的心态，那么公孙弘就用不着去辩解沽名钓誉了。

以退为进，是智者的一种处世秘诀，也是一大生存战术，如果自己只追求前进，而不知后退，就会活得很累，有张有弛才能使我们游刃有余。以季札和公孙弘的例子看来，以退为进也许才是最好的进攻策略。所以，做人有时候应该把目光放长远一点儿。在"进"的时候就为自己想好出路，不要让自己成为永不流动的死水，做一个封杀自己的凶手。

不要一条道走到黑

现实生活中，许多人不明白自己所处的环境有多么险恶，他们没有远大的胸怀和进退自如的远见卓识，总是忍不住要和别人争个短长，结果常常是一时的"进"造成终身的"退"，从而一条路走到黑。

我们现在来看一看《红楼梦》中的平儿是如何给自己留后路的。虽然她不能在人生的一时一地争强好胜，但却能在审时度势时保全自己。

平儿是一个极聪明清俊的上等女孩儿，但是却落到了贾琏、王熙凤手里，夹在这两个如狼似虎的人中间，左右难得做人，但她独自一人应付贾琏之俗、凤姐之威，竟能周全妥帖，可谓聪明之至。

平儿是一个活在权力争斗中心的人物，少不得要与心毒手辣的凤姐为伍，即使不为虎作伥也得装腔作势几声，若是一个稍无自知之明者，狐假虎威，仗势欺人，也能在大观园里做个盛气凌人的角色。但是，如果平儿这样做，她的下场也许比王熙凤更糟。她知道自己虽然有着许多优势，但决不能做那种害人害己的事，因此，也就少不得忍辱负重照顾周围了。

平儿虽然是凤姐的心腹和左右手，但在为人处世方面一直在抽身退步，为自己留余地、留后路。她不像凤姐那样把事做绝，让自己处在进退两难的地步骑虎难下。她对众人绝不依权仗势，趁火打劫，而是时常私下安抚，加以保护，能放一马就放一马。在茯苓霜和玫瑰露事件中，她劝凤姐"得放手时须放手"，"什么大不了的事，乐得不施恩呢"，这才使柳家母女免去了一场灾难。贾琏偷娶尤二姐，平儿得知后告诉了凤姐，后见凤姐虐待尤二姐，她又同情尤二姐，经常送吃的给尤二姐，并照顾二姐的饮食起居，这引起了王熙凤的不满。尤二姐一死，王熙凤推说没有钱治办丧事。平儿又偷出二百两碎银子给贾琏，把局面应付过去。可见，平儿并非像王熙凤一样恨不得把"眼中钉、肉中刺"赶尽杀绝。因此，平儿的结局要比许多人好得多。

　　在为人处世的问题上，不要将所有的事都做得那么绝对，古人都说"水满则溢，月盈则亏"。什么事做过头都没有好处。所以，懂得给自己留余地的人才是聪明的人。再说三十年河东，三十年河西，万一有一天被你折磨过的那个人正好位居你之上，你可就只能任人宰割了。所以请你一定要记住，不要与他人争个高低，不要一条路走到黑，而是要学会适时进，适时退。

必要时激流勇进

一个人在其一生中，需要在不同的阶段和不同的领域与不同的对象进行一次又一次的竞争，每次竞争的结果都决定了他在人生中的进与退，这就是现代社会人类竞争残酷现实。

我们要在这个社会中生存，就必须遵循这个社会的游戏规则。在遵循游戏规则的前提下能进则进，能退则退，要把握好每一次机会实现自己的梦想。这就和看似柔弱的水的生存方式一样，永远不放过任何机会，让自己的足迹到达任何一个可以到达的地方。我们的生存也是这样，如果没有一种积极向上的拼搏精神，我们就很难实现自己的价值。有时，我们的前途只决定于某一个小小的举动，而不在于你是否能够完全胜任那个角色。

在电影《一个都不能少》中出任女主角的魏敏芝仅仅是

一个山村女孩，她的成名不是因为她太幸运，而是因为她太勇敢，你知道她最初是怎么被张艺谋看中的吗？张艺谋拿到《一个都不能少》的剧本之后，决定要找一个山村女孩做主角，于是把车开到了一个偏僻的小山村。当时许多村民都围了过来。于是，剧组的人冲着这些人喊："你们想不想演电影？谁想演请站出来！"一连喊了好几遍都没人应声。气氛变得很沉闷，这时，一个十六七岁的女孩子站了出来，说："我想演。"张艺谋看到眼前的这个女孩子长得并不漂亮，言语间透出一股山里孩子特有的倔强和淳朴。

"你会唱歌吗？"张艺谋问。

"会！"女孩子大方地回答。

"那你现在就唱一个行吗？"

"行！"女孩开口就唱，一边唱还一边扭。

"我们的祖国是花园，花园里的花朵真鲜艳……"

村人大笑。因为她的歌唱得实在不怎么好听，不但跑了调，而且唱到一半时还忘了词。没想到，张艺谋却用手一指："好，就是你了！"就这样她被张艺谋看中，名字很快传遍了大江南北。

　　有些时候，机遇在一些人面前确实是平等的。只是当机遇突然出现在面前时，有人却迟疑了、犹豫了，结果与之擦肩而过，而有的人却能主动上前，大胆追求，便赢得了机遇的倾心。

　　这让我不禁想到了一位好友参加电视节目主持人评选的遭遇。她是我大学时的同班同学，论相貌，她绝对不是那种让人一见倾心的美女，但她的生活态度绝对称得上积极。大四毕业前，同学们都忙着准备论文，可她一点儿都不着急，还经常活跃在学校的各个社团，我们当时都很佩服她的气定神闲。有一天，她一进宿舍就告诉我们要去电视台试镜，所有的人都说她异想天开，那么多竞争者而且还有很多是绝色美女，她是绝对没戏的，可她还是去了。说实话，一开始她并不被人看好，只是因为她的气质较佳，又有很多活动经验，所以一路过关斩将杀入决赛。后据一位导演透露，虽然她被视为最佳人选，但有人认为还不够漂亮，所以是否用她尚不能确定。最后确定人选的时候到了，电视台主管节目的领导也到场了，他们要在她与另外一位让人不得不承认"的确非常漂亮"的女孩子中间选择一人，这将是最后的选择。她的好胜心一下子被激起，她想：

"即使你们今天不选我，我也要证明我的素质。"

当她被问到主持人的职业要求时，她回答说："我认为主持人的首要标准不是容貌，而是要看她是否有足够的能力与人良好沟通。我希望做这样的主持人，因为我喜欢与人交流。我要把自己的感受讲给观众听……"

在介绍自己时她一口气讲了半个小时，在没有一点儿文字参考的前提下，她的语言的流畅性，思维的严密性，以及思想的独创性，让她很快赢得了诸位领导的赏识。人们那时已经不再关注她是否长得漂亮了，而是被她的表现深深吸引住了。当她再次去电视台的时候，她已经被正式录用了。如今的她已经成了那家电视台的金牌主持。

所以，机会不会无故降临到我们头上。如果你想获得成功的机会，就要善于表现自己，善于抓住机会，不能因为害怕而退缩。必要时要做一个激流勇进的勇士，展现自己最好的那一面。

永远都不逃避

在一般人看来，好事就是好事，坏事就是坏事，两者之间并没有什么联系，但懂得人生辩证法的人们却懂是好事和坏事会相互转化，就像祸和福两者相对立又相互可以转化一样。如果你抱着这样一种人生态度，那么，你的生活就会变得非常有趣，你就不会逃避生活中的每一个困难。

生活中常有许多难以预料的事情发生。有些是我们希望的，有些是不希望的。遇到那些希望发生的事情，当然很愿意接受，甚至希望它来临得更早一点儿，但遇到那些不愿意看到的结果，就很难接受它。可是，事情既然已经发生，我们已经无力回天，那么，我们就应该回避退缩吗？如果回避退缩可以解决问题，我们大可以回避退缩，但事情并不是这样的，有时你的退缩恰好会增强事情的严重性。所以，遇到一些难以解决的问题时，我们要好好想清楚再做进退的打算。

　　大名鼎鼎的美国总统罗斯福在中年时患了小儿麻痹，当时他正在做参议员，在政坛上炙手可热，面对这样的打击，他几乎想要退隐乡园。因为刚开始时，他一点儿也不能动，必须以轮椅代步。他是一个好强的人，他讨厌整天依赖别人把自己抬上抬下，那种退缩的心理经常搅得他无法正常生活。可是，他自己必须面对现实，否则所有的梦想都会变成泡影，人们会说他是一个懦夫。于是，一到晚上他就一个人偷偷练习上下楼梯。有一天，他告诉家人说，他发明了一种上楼梯的方法，要表演给大家看。他先用手臂的力量，把身体支撑起来，挪到台阶上，然后再把腿拖上去，就这样一级一级艰难缓慢地爬上楼梯。他的母亲见状忙阻止他说："你这样在地上拖来拖去的，给别人看见了多难看。"罗斯福却说："我必须面对自己的耻辱。"就这样，他积极地与生活的不幸对抗着并最终赢得了胜利。

　　每当有空闲的时候，我非常喜欢播放贝多芬的命运交响曲，我喜欢的原因是这首激昂的乐曲因为它美妙而富于激情的表现力位列世界名曲之尊。而它的作者贝多芬曾经遭受的是一个作曲家最不应该遭受的打击——耳聋。因为，当一个作曲家听不到声音时，那就是说命运已经告诉他："你在音乐的道路上已经不能再前进半步了。"可想而知，这对于一个视音乐为生命的人是多么不幸的一件事。可是，贝多芬没有后退，他用牙咬住一根木棒的一端把木棒的另一端插入钢琴的共鸣箱内，凭着自己对音乐的敏感继续创作，而且许多名作都是在耳聋之后创作出来的。那么，他留给后人的仅仅是这些不朽的音乐作品吗？不是，更重要的是他留给我们的是永不屈服、永不逃避的精神食粮。

　　事实上，任何人的人生都不可能是一帆风顺的，很多意想不到的事情总会在不经意间阻挡我们前进的路，如果你在这种情况下退缩了，你就失去了看到障碍背后美好风景的机会。随着社会竞争压力的增大，我们这一代人面临的生活困境也会随之增加，如果你一味地选择逃避，到最后很可能就是那个被压在最底层的人。更可怕的是，有的人因为难以接受生活中的现实，出现失忆或失语现象。这样的结果不会比勇敢地面对现实好到哪里去。因为，如果面对现实你尽力挽回败局了，也许还有百分之一的机会出现奇迹，如果你选择了逃避退缩，那就是连这百分之一的机会也放弃了。所以，有的人不是因为没有得到想要的结果而痛苦，而是因为放弃了之后才发现，原来美好的未来就在眼前却因为自己不能坚持而与之擦肩而过。

因此，在任何困难面前都不要退缩，只要有一线生机就要努力争取，如果实在没有办法了，那就勇敢地接受现实。只有接受了现实，我们才有新的发展机会。

自如应对进与退

　　人生如水，进退当因时因事而动，做到审时度势，让自己的每一步进退都产生不可估量的价值。这就是说进退要有前瞻性，要有灵活性。

　　越王勾践，卧薪尝胆，甚至以一国之君的身份为人做马夫，他的退换来的是东山再起；韩信忍胯下之辱，他的退换来的是淮阴侯的显赫。更有汉初张良拾履换得《太公兵法》，终成一代良臣。因此，有了能进能退的良好修养，处理多种复杂的事情时才不至于意气用事，才能担当大任。

　　许多时候，我们的进退不是由自己的心情决定的，而是要结合周围的环境来考虑。大多数时候我们都没有必要和对方"针尖对麦芒"地争个不休。否则很容易激怒对方，使矛盾尖锐化，带来严重的后果。

在比利时的一家画廊里，美国画商比尔看中了印度人带来的三幅标价为250美元的画，但比尔不愿出此价钱买画，于是，比尔和印度人唇枪舌剑的争论起来，谈判进入了僵局。印度人恼火了，怒气冲冲地当着比尔的面把其中一幅画烧了。比尔看到这么好的画烧了，当然感到十分可惜。他问印度人剩下的两幅画愿卖多少钱，回答还是250美元。比尔见印度人毫不松口，就又拒绝了这个价格，这位印度人把心一横，又烧掉了其中的一幅画。比尔只好乞求他千万别再烧最后一幅画了。当他再次询问这位印度人愿卖多少钱时，印度人说道："最后一幅画能与三幅画是一样的价钱吗？"结果，比尔只好以600美元的价格从这位印度人手中买下最后的这幅画。

印度人为什么能以这样高的价格将这幅画卖出去呢？其实就是以退为进策略的运用。首先，他烧掉两幅画以吸引比尔，他知道自己出售的三幅画都是出自名家之手。烧掉了两幅，剩下了最后一幅画，正是"物以稀为贵"。这位印度人还知道比尔有个习惯就是喜欢收藏古董名画，只要他爱上这幅画，是不肯轻易放弃的，宁肯出高价也要收买珍藏。聪明的印度人施展这招果然很灵，一笔成功的生意唾手而得。

在商谈中，卖方很想以高价出售自己的商品，而买方总会提出种种借口，以求以最低的价格获得最大的利益，所以，有时用以退为进的战略进行交易就会得到很好的效果。

当然，要想成功地采用"以退为进"的策略，必须有一定把握，掌握好分寸。"不打无准备之仗"，你退一步，按照你所掌握的对方的心理，对方愿意采取令你满意的行动，你的"以退为进"才能达到预期的目的。

在与人交往的时候也是这样。为了达到某种目的，不妨让自己的头脑灵活些，欲擒故纵、以退为进都常常会取得出人意料的良好效果。

有一天，歌德到公园散步，迎面走来了一个曾经对他的作品做出过尖锐批评的批评家。这位批评家站在歌德面前高声说："我从来不给傻子让路！"歌德却说："而我正相反！"一边说，一边满面笑容地让在一旁。那位满以为可以将歌德羞辱一番的批评家顿时羞得满面通红。歌德的这一做法不仅避免了一场无谓的纷争，而且还以最柔软却最有力量的方式让对方知难而退。歌德的这种做法显示了他的心胸和气量，更昭示着一种人格的高度。

第五章

善于变通

永远都不认输

　　有个年轻人去微软公司应聘，而该公司并没有刊登过招聘广告。见总经理疑惑不解，年轻人用不太娴熟的英语解释说自己是碰巧路过这里，就贸然进来了。总经理感觉很新鲜，破例让他一试。面试的结果是年轻人表现很糟糕。他对总经理的解释是事先没有准备，总经理以为他不过是找个托词下台，就随口应道："等你准备好了再来面试吧。"

　　一周后，年轻人再次走进微软公司的大门，这次他依然没有成功。但比起第一次，他的表现要好得多。而总经理给他的回答仍然同上次一样："等你准备好了再来面试。"就这样，这个青年先后5次踏进微软公司的大门，最终被公司录用，成为公司的重点培养对象。

精诚所至，金石为开。

锲而不舍，金石可镂。

在这惊人力量到来之前，有谁知道所谓"精诚"是付出了多少吗？是千折百回，是千锤百炼，是失败过一万次，还要有在一万零一次爬起的勇气和毅力！

每个人的成功道路不尽相同，但所有真正的成功者都有其成功之处，那就是拥有耐心，坚持到底。做到了这一点，那么，即使身处最不利的环境，相信幸运之神都会垂青你的。

被誉为"音乐之父"的著名音乐家海顿，曾经担任过斯合哈奇公爵府邸乐队的队长，指挥着30名乐手。

有一次，公爵突然决定遣散这支乐队，这意味着海顿及其30名乐手将失去饭碗，消息传开后，乐手们都心慌意乱，不知所措。海顿心里最清楚，公爵决定的事情一般是很难更改的，无论怎么央求，恐怕也无济于事。但海顿考虑到30名兄弟的生计，决定做最后的努力，这样兴许还有点希望。

于是，他挥笔谱写了一首《告别曲》，他要用这首《告别曲》创造一个奇迹。

在精心准备的告别演出会上，海顿依然神情专注地指挥着他的乐队，乐曲欢乐、祥和、优美、轻松怡然，自始至终将与公爵之间的美好友谊表现得淋漓尽致。公爵触景生情，不由得感动起来。渐渐地，乐曲由明快转为平缓，又由平缓转为黯淡。悲怆、伤感的曲调像雾一般在大厅里弥漫开来。末了，乐手们开始一个个默默地向公爵告别……

公爵完全明白了海顿的意图，心潮起伏，被《告别曲》感动得热泪盈眶。他下意识地挥手对大家说："通过你们的努力，现在我决定，乐队留下来。"

公爵的话音未落，全场立即欢腾起来，乐手们纷纷走向前拥抱海顿……

在通往成功的道路上，我们即使遇到不可逾越的坎坷和挫折，也应该保持耐心，不放弃最后的努力。只要有一丝希望，我们就应当去试试。在困难的时候咬紧牙关再坚持一下，或许前面就是柳暗花明的精彩世界。

人生有两杯水，一杯是苦水，一杯是甜水，只不过不同的人喝甜水和喝苦水的顺序不同，成功者都是先喝苦水，再喝甜水，一般人都是先喝甜水，再喝苦水。拥有耐心非常重要，面对挫折时，要告诉自己：要坚持，再来一次。因为这一次的失败已经过去，下次才是成功的开始。

面对挫折时，要记住告诉自己不要服输，失败不会是定局，失败只是暂时还缺乏成功的条件。我们只要能够保持耐心，成功一定属于我们。

提起凡尔纳，爱读书的人们都知道：这位写过许多科幻小说的老外，曾被称为"科学幻想之父"。

可是，他的成功之路并非一帆风顺，他的第一部科幻小说的问世过程，就完全是靠毅力。

当他把他的第一部科幻小说《气球上的五星期》送交出版商时，备受冷眼，连续15次被出版商退了回来！

15次冷眼！这对于一位爱好文学的人来说，无疑是个沉重的打击！

果然，他先是失望至极，继而拍案大怒，还一把将书稿扔进了炉子，但是在这时，他的妻子把书稿抢了出来，还郑重地劝了他一句：你应该再试一次。

他冷静地想了想，决定再试一次。

他第十六次把书稿寄了出去，第十六位出版商看中了这本书，决定立即出版。

小说一炮打响。

这以后的事实就是：随着小说的热销，世界开始对他刮目相看——他成功了，从此成了闻名世界的大作家！

那么，使凡尔纳成功的是什么？

显而易见，是坚持。

而坚持的一个最常见的表现形式，就是勇敢地再试一次。

是的，在许多时候，只要少试一次，胜利就会与你擦肩而过。

既然如此，为什么不再试一次！

耐心最好的伙伴是信心和决心。在有效付出的保障下，有决心和耐心的人一定会得到回报。

许多人曾对我说过这样的话："为了成功，我曾试了不下上千次，可就是不见成效。"你相信这句话吗？别说他们没试过上千次，甚至于有没有10次都颇令人怀疑。或许有些人曾试过8次、9次，乃至10次，但因为不见成效，结果就放弃了再试的念头。

成功的秘诀，就在于明白什么对你是最重要的，然后拿出行动，不达目的誓不罢休。

没有耐性的人，必定缺乏坚毅持久、克服万难的精神，自

然成就不了什么伟大的事业。我们希望将来能有所作为，首先
必须磨炼自己的耐心和毅力。

西点军校的残酷无人不知。西点军校学员自入校之日起，
就要进行严格的检验与筛选，实行全程优化与淘汰制，这一管理
制度从1843年起由国会以法律的形式明确规定下来。因此，每个
学员在考入西点之前都要做好被淘汰的思想准备和相应的保证，
其父母也应充分保证做好他们的思想工作，绝不留下任何后患。
从录取到毕业，学院采取公开、公正和法制化的管理制度。

经过千挑万选进入学校的学员，无论在文化水平、身体素
质、组织才能等方面都很出众。但并不能保证每个幸运儿都能
顺利毕业。一般来说，第一学年的新生淘汰率为23%，到最后
大约只有50%~70%的学员能顺利完成全部的课程，并获得美国
陆军少尉军官军衔。据统计，2002年仅有958名学员毕业，毕业
率为68%。所以，有幸进了西点军校，学员们仍然能有强烈的
危机感，他们在学习、训练、体育等方面无一不全力以赴，精
益求精，不敢稍有懈怠。

在标准面前多少眼泪都于事无补，还可能坏事，受到教官
和学员们的轻视。对于想在西点立足的学员来说，教官或高年级

的学长的任务一下达，只有一个选择，就是完成。新学员需要把痛苦、劳累、磨难都装在心里，把眼泪、委屈、愤怒也装在心里，化作力量，冲击任务，达到标准。只要冲过去，大家就会笑脸相迎，接纳他成为一名正式的学员团成员。冲不过去，不管有多少理由，流多少眼泪，西点都只能与他"拜拜"。

　　在任何时候、任何情况下，西点学员都精神振奋，斗志昂扬，没有颓废之情。西点校园内很少听到"我不行"的话。在工作、学习和生产中，一旦上司有要求，你都必须回答"我一定做到""我能行"，最低回答"我执行"或"是"。任何人讲价钱都不被允许。西点的橄榄球队一度战绩不佳，屡战屡败，但从校长、教练到球员，都有一种不服输的精神，他们都立誓夺回冠军。他们通过不断接纳新队员、撤换教练、加大训练难度来提升球队的整体水平。一般学员也积极支持球队，主动承担球员的补课工作，为他们夺取荣誉创造条件。

　　无论哪个行业的员工，只要你想出人头地，想要实现自己的目标，你必须首先肯定自己。面对复杂的工作，恐惧和退缩都于事无补。无论在任何时候，你都要坚信，别人能做到的，你也能做到，甚至还比别人做得更好。

只要你心存希望，满怀信心，太阳每一天都是新的。

耐特－里德公司的业务员卡契尔的故事就很典型：

卡契尔只是中学毕业，刚到耐特－里德公司的时候非常不自信，他看着公司豪华的设施、忙碌的人群。感觉到了自己的渺小，他问自己："我行吗？既没有经验，又没有学历。"带着这种情绪去跑业务，他总是感到力不从心；见到客户的时候甚至不敢大声说话，生怕自己把事情搞砸了；在向主管叙述业绩的时候也唯唯诺诺的。

在季节性测评大会上，公司的培训师对他进行了一番鼓励："卡契尔，在这个世界上，没有人能够左右你的命运，你认为自己行，你就一定行，拥有自信你就已经成功了一半，可以在谈判中占有先机。"

在以后的工作中，卡契尔带着自信去工作，他终于感觉到了这种力量——似乎什么事情都很得心应手、游刃有余的。年终总结的时候，他还作为优秀员工的代表发了言。

在工作中，我们要果断地拒绝失败的情绪，以自信的心态去拥抱每一个胜利。

善于变通

　　坚持不用多，在人的一生中，有一次坚持到底就算是成功，而放弃一旦开了头就绝不会少，对于曾经认定的事业，爱情，友谊，放弃一次就会一再放弃。

　　孔子被围困在陈国与蔡国之间，整整10天没有饭吃，真是饿极了。学生子路偷来了一只煮熟的小猪，孔子不问肉的来路，拿起来就吃，子路又抢了别人的衣服换来了酒，孔子也不问酒的来路，端起来就喝。可是，等到鲁哀公迎接他时，孔子却显出正人君子的风度，席子摆不正不坐，肉类割不正不吃。子路便问："先生为啥现在与在陈、蔡受困时不一样了呀？"孔子答道："以前我那样做是为了偷生，今天我这样做是为了讲义呀！"

　　孔子与弟子云游于郑，被反对儒学的一个权贵抓住，要求他们立刻离开郑地，并且保证再也不传播儒学，不然杀头。弟子都很为难，只见孔子毫不含糊地当场保证，而后立刻上路。但当他们一离开郑，就马上着手进行讲学事宜。弟子很不解地问老师："老师不是教我们讲诚实信用吗？既然已经保证了不再讲学……"孔子哑然笑了："请问儒学有没有错？没有，那么郑人的要求是无理的，对无理之人就应该用无理的办法，对与无理之人的约定就不必那么认真了。"

记载商鞅思想言论的《商君书》中有一段名言："聪明的人创造法度，而愚昧的人受法度的制裁，贤人改革礼制，而庸人受礼制的约束。"是的，圣人创造"规矩"，开创未来，常人遵从"规矩"，重复历史。为什么孔子是圣人而他的三千弟子不是？道理就在于思想是否解放，是否敢于创新，敢于自主地、实事求是地思考分析问题。

孔子讲授儒家学说，不是拘囿于死板的说教，而是灵活运用。孔子学说的核心是"仁"，孔子以诚信为本，讲究君子之见。但是不该讲、无条件讲的时候他绝不死要面子活受罪，绝不死板，可谓达到了高度的原则性和灵活性的统一。所以他是孔子，是闪耀两千多年的圣人。

做人要有韬略

　　荀子曰："假舟楫者，非能水也，而绝江河。君子性非异也，善假于物也。"大千世界，芸芸众生，人各有所长，也各有所短，人人都需要取长补短，互相帮助。

　　也许，我们的人生旅途上沼泽遍布，荆棘丛生；也许，我们追求的风景总是山重水复，却不见柳暗花明；也许，我们前行的步履总是沉重、蹒跚；也许，我们在黑暗中摸索很长时间仍然看不到胜利的曙光；也许，我们虔诚的信念一直被世俗的尘雾所缠绕而不能自由翱翔；也许，我们高贵的灵魂暂时在现实中找不到寄放的净土……那么，我们为什么不可以以一种博大的胸襟暂时包容和忍耐这一切，韬光养晦，历练自己坚强的毅力，因为我们知道今天暂时的忍耐是对毅力的磨炼，是为了蓄积更大的力量，赢得日后更大、更长远的胜利。

一天，狮子建议9只野狗同它合作猎食。它们打了一整天的猎，一共逮了10只羚羊。

狮子说："我们得去找个英明的人来给我们分配这顿美餐。"

一只野狗说："一对一就很公平。"狮子很生气，立即把它打昏在地。

其它野狗都吓坏了，其中一只野狗鼓足勇气对狮子说："不！不！我的兄弟说错了，如果我们给您9只羚羊，那您和羚羊加起来就是10只，而我们加上一只羚羊也是10只，这样我们就都是10只了。"

狮子满意了，说道："你是怎么想出这个分配妙法的？"野狗答道："当您冲向我的兄弟，把它打昏时，我就立刻增长了这点儿智慧。"

以这个故事为例，狗能够分到一只羚羊表面上是吃亏，它若不吃，换来的可能是狮子的利爪。你认为哪个划算？别在你强大的对手面前逞能，战争和竞争如此，每个人的自身也是如此。人人都有自己的弱势，如果总是和自己的弱势较劲，那失败是必然的。

年轻人意气风发，激动时就很容易盲目出击。退一步有时是为了获得更大进步，就像跳远一样，退后几步，是为了跳得更远。在生活中也是一样，我们可以把一些实在没有能力解决的问题暂时放下，等待时机成熟了再去解决，这是一种做人处世的智慧。

不要超越规则

中国入世，是我们几十年来追求的梦想。而今梦圆，我们备受鼓舞，因为这能促使我国的经济发展向前迈进一大步。然而WTO的"规则"中有一部分会给我们对外贸易的发展带来不良影响，于是，经济学者、法律专家聚在一起，商讨如何修改我国有关的法律，使之适应国际市场，为我国企业赢得商机。可见，适当修改"规则"是大有必要的。

"规则"需要人们来哺育！人类的发展需要"规则"为我们献智献力，让我们把握好"规则"这一"诺亚方舟"，为祖国的繁荣、人类的发展、世界的和平挥洒血汗吧！哺育"规则"，是我们为之努力奋斗所迈出的至关重要的一步。

人类冒犯了规则，于是沙尘暴开始肆虐；

人类冒犯了规则，于是"厄尔尼诺现象"开始出现；

人类冒犯了规则，于是赤潮开始出现在近海。

不遵守规则就会受到惩罚。

重新将规则定位到我们个人的身上，更是如此，没有规则，我们将没有安全，没有发展的机会与平台，更谈不上什么成功。是规则和制度为我们提供了一个个成长的平台，使我们离成功越来越近。

竞赛需要规则就如同生命需要空气，脱离了规则的限制，上帝也不一定能赢。

人类与自然一直是在斗争的。这种斗争是残酷的，开始是自然残酷，现在是人为残酷。

人类向自然施暴时蔑视所有的规则，而自然向人类报复时却遵循所有的规则。

人与自然是一个永恒的话题。人类在自然中生存，然而现代文明的急速发展，破坏了人类与自然的平衡，人类的妄自尊大给这个世界带来了越来越大的危险，人类无休止地从自然界开采资源，又向自然排放废弃物，当自然无法再忍受这种蹂躏时，它开始了报复行动：频繁的沙尘暴，危害巨大的暴雨和洪水，遮蔽海洋的赤潮，前所未有的臭氧空洞和温室效应……自然依照它的规则，一次又一次给人类敲响了警钟。

人在自然中生存，人要与自然和谐共处，就必须遵循自然的规则。

中国已成功加入了世贸组织，我们面临的挑战是空前的，其中之一就是规则的转变。

中国有五千年的光辉文明，然而这种文明的副作用造成了一些落后观念的根深蒂固，地方保护主义仍有市场，人情买卖也时有发生，不公平竞争的现象仍然存在。中国的某些市场规则与世界脱节。

然而，加入WTO会改变这一切。公平竞争的规则将会得到彻底的实施。垄断与地方保护也将被打破。新的规则，将带给中国新的活力。

俗话说："没有规矩，不能成方圆。"规则就好比飞机的航线。只要大家都遵守规则，就可以在各自的航线上飞行，相安无事；如果有人违反规则，脱离了预定航线，撞机就在所难免了。也许不守规则可以占到一时的便宜，但是玩火者必自焚，肆意践踏规则的人必将受到规则最严厉的惩罚。

善于利用进退规则

其实，生活中我们常常会碰到这样的事情，你执着于一件事情，但是你的胜算并不大。那么，与其在不可能的事情面前耗费时间，不如转过身来，因为你的身后可能会有更好的路在等着你。

多年前，美国的可口可乐和百事可乐曾经先后走向我国台湾市场。因可口可乐抢先登陆宝岛，率先出尽风头。后进者百事可乐面对已经具有市场基础的竞争对手，虽行销战略施行倍觉艰辛，但还是勇者无畏。一方为争夺市场，一方为保卫市场，顷刻间掀起了一场极为精彩的商战。

百事可乐的行销策略以及推销活动，虽然较富于机动性，却始终无法超越可口可乐全球的优势，因此一直屈居下风，被动的劣势似乎难以扭转。然而，可口可乐在"唯有可口可乐，方是真正的可乐"的口号下，一举乘胜追击，大有逼迫百事可乐偃旗息鼓收兵的气势，使得百事可乐一时间士气低落，销售陷入低谷。

百事可乐高层分析市场，了解到正面攻击不可能在短期内有效，于是，便悄悄地准备开辟另一个饮料市场来抢占可口可乐市场。在极端机密周详的策划下，第二年初春，百事可乐以迅雷不及掩耳之势推出了美年达汽水，顿时受到消费者的喜爱。由于百事可乐能从较低层次的广大消费者入手，市场价位又极具吸引力，加上美年达饮料整体行销策略完善，尽管只是百事可乐公司的副品牌，但一时占领了大量的饮料市场。反观可口可乐，因为陶醉于可乐大战后的胜利，忽略了新产品的开发。等到美年达饮料一夜间全面上市，可口可乐却不知所措，导致了短期内市场败北。

其实，成功并不是只有向前冲，向后走一样能够实现目标。但是，不少企业或者员工不能真正放下眼前的目标而转向身后，即使往前冲会撞个头破血流。生活不是玉，也不是瓦，所以不需要我们"宁为玉碎，不为瓦全"。退出不是消极的面对，也不是向生活认输，而是找到另一个突破口，征服生活。所以，在身处困境的时候，不要抱着视死如归的念头，而是应该冷静下来，看看后方是不是有更好的出路。

一位留美的计算机博士，毕业后回国找工作，结果好多家公司都不录用他，思前想后，他决定收起所有证明，以一种"最低身份"再去求职。

不久，他被一家公司录用为程序输入员，这对他来说简直是"高射炮打蚊子"，但他仍干得一丝不苟。不久，老板发现他能看出程序中的错误，非一般的程序输入员可比，这时他亮出学士证，老板给他换了个与大学毕业生相应的职位。

过了一段时间，老板发现他时常能提出许多独到的有价值的建议，远比一般的大学生要高明。这时，他又亮出了硕士证，于是老板又提升了他。

再过一段时间，老板觉得他还是与别人不一样，就对他"质询"，此时他才拿出博士证，老板对他的水平有了全面认识，毫不犹豫地重用了他。

自然界中，蜥蜴与恐龙曾是同类，而最后恐龙灭绝了，蜥蜴却存活下来，其中一个重要的原因是：恐龙体积过于庞大，不便保护自己；蜥蜴小巧灵活，虽然纤弱，但却便于隐藏自己，从而得以生存。

生活中，我们常用"毫不示弱"来形容一个勇敢的人，但处处不示弱的人能得一时之利，却难成为最终的成功者。相反有些人，懂得忍让，不逞能，不占先，心境平和宽容，能摒除私心杂念，不受外人干扰，做事持之以恒。这种人跑得不快，但能坚持到终点。

向人示威，人人都会，向人示弱却只有少数人才做得到，因为示弱更需要智慧和勇气。

刚参加工作的玛丽发现公司的人都很好胜，而自己似乎有很多的不足。玛丽天性真诚，她没有什么遮掩什么弱点。就这样，其他的员工有时会嘲笑她，有时也会以"老大"的身份对她的工作指指点点。毕竟人各有所长，玛丽发现自己的一些不足正是有些人的长处，她的真诚使大家对她不怎么隐瞒，她更容易学习。她慢慢地观察、学习，她并没有发现，以往的许多不足已慢慢消失，而周围的员工还是老样子，并没怎么进步。

两年后，当玛丽被上层任命为业务经理时，四周投来了惊讶的目光。大家不敢相信，那个什么都不会的女孩居然成了他们的业务经理。

　　玛丽正是用了以退为进的方法取得了一个小成功。弱点就是弱点，对于不示弱者来说，示弱需要莫大的勇气。它促使你不断地向他人学习，来弥补自己的弱点。你并不会因为示弱而失去什么，相反，你会得到许多的财富。

　　示弱可以减少乃至消除不满或嫉妒。事业上的成功者、生活中的幸运儿，被嫉妒是必然的，用适当示弱的方式可以将其消极作用减少到最低限度。

　　示弱能使处境不如自己的人保持心理平衡，有利于团结周围的人们。

　　北大方正的创始人王选，曾把科技领域的人才以打猎为喻，分为三种类型，第一种是指兔子的人；第二种是打兔子的人；第三种则是捡兔子的人。指兔子的人就是指明科研方向的人，打兔子的人就是进行科技攻关的人，捡兔子的人就是让科技在经济领域产生效益的人。他说："我属于第二，其他两个方面是我的弱处。"

　　在成功人士中，很少有人会像王选那样自暴弱点、自我贬损。但王选的做法没有使人看不起他，反而团结了一大批中国计算机领域的精英人才。不仅王选本人成为中国的比尔·盖茨式的人物，他的北大方正公司，也用了仅仅八年时间就成为世界知名的企业。

　　示弱不是软弱，而是一种人生的智慧和清醒。一个强者能保持清醒，那他离成功也就不远了。

学会变通

美国食品零售大王吉诺·鲍洛奇一生给我们留下了无数宝贵的商战传奇。10岁那年，鲍洛奇的推销才干就显露出来了。那时他还是个矿工家庭的穷孩子，他发现来矿区参观的游客们喜爱带走些当地的东西作纪念，他就拣了许多五颜六色的铁矿石向游客兜售，游客们果然争相购买。不料其他的孩子立即群起效仿，鲍洛奇灵机一动，把精心挑选的矿石装进小玻璃瓶。阳光下，矿石发出绚丽的光泽，游客们简直爱不释手，鲍洛奇也乘机将价格提高了一倍。也许正是这个有趣的经历，使得鲍洛奇对变通销售与定价有独到的理解。在一生的商业生涯中，他一直保持灵活变通的思想。

鲍洛奇的公司曾生产一种中国炒面，为了给人耳目一新的感觉，他在口味上大动脑筋，以浓烈的意大利调味品将炒面的味道调得非常刺激，形成一种独特的中西结合的口味，生产出了优质的中国炒面。同时，使用一流的包装和新颖的广告展开大规模的宣传攻势，打出"中国炒面是三餐之后最高雅的享受"的口号，把中国炒面暗示成家庭财富和社会地位的象征。鲍洛奇这一做法相当成功。他把注意力主要集中在了大量中等收入的家庭上。他认为，中等收入的家庭，一般都讲究面子，他们买东西固然希望质优价廉，但只要有特色，哪怕价钱贵一些，他们也认为物有所值，他们是中国食品生意的主要对象。所以针对他们的心理，鲍洛奇在包装和宣传上花了很多精力。果然不出所料，中等家庭的主妇们皆以选购中国炒面为荣，尽管鲍洛奇的定价很高，她们依然不觉得贵。

另一方面，鲍洛奇很会揣摩顾客的心理，常常利用较高的价格吸引顾客的注意力。由于新产品投放市场之初，消费者对这种相对高价格商品的品质充满了好奇，很容易就激发了他们的购买欲。并且，一种产品的定价较高，可以为其他产品的定价腾出灵活的空间，企业总能占据主动。当然，这一切都是建立在产品的品质的确不同凡响的基础上的。

有一次，鲍洛奇的公司生产的一种蔬菜罐头上市的时候，由于别的厂商同类产品的价格几乎全在每罐50美分以下，公司的营销人员建议将价格定在47~48美分之间。但鲍洛奇却将价格定在59美分，一下提高了20％！鲍洛奇向销售人员解释说，50美分以下的类似商品已经很多了，顾客们已经感觉不到各种商品之间有什么区别，并在心理上潜意识地认为它们都是平庸的商品。如果价格定在49美分，顾客自然会将之划入平庸之列，而且还认为你的价格已尽可能地定高，你已经占尽了便宜，甚至产生一种受欺骗的感觉；若你的产品价格定在50美分以上，立即就会被顾客划入不同凡响的高级货一类；定价至59美分，既给人感觉与普通货的价格有明显差别，品质也有明显差别，还给人感觉这是高级货中不能再低的价格了，从而使顾客觉得厂商很关照他们，顾客反而觉得自己占了便宜。经鲍洛奇这么一解释，大家恍然大悟，但总还有些将信将疑。后来在实际的销售中，鲍洛奇掀起了一场大规模促销行动，口号就是"让一分利给顾客"，更加强化了顾客心中觉得占了便宜的感觉，蔬菜罐头的销售大获全胜。59美分的高价非但没有吓跑顾客，反倒激起了顾客选购的欲望，公司的营销人员不得不佩服鲍洛奇善于变通的本事。

一位心理学家说过："只会使用锤子的人，总是把一切问题都看成是钉子。"正如卓别林主演的《摩登时代》里的主人公一样，由于他的工作是一天到晚拧螺丝帽，所以一切和螺丝帽相像的东西，他都会不由自主地用扳手去拧。在工作中，遇到问题时，一定要努力思考：在常规之外，是否还存在别的方法？是否还有别的解决问题的途径？只有懂得变通，才不会被困难的大山压倒，才能发现更多更好更便捷的路子。

有人曾说过："如果一个美国人想欧洲化，他必须去买一辆奔驰；但如果一个人想美国化，那他只需抽万宝路，穿牛仔服就可以了。"可见，"万宝路"已不仅仅是一种产品，它已成为美国文化的一部分。但是，"万宝路"的发迹史并非是一帆风顺的，它的成功跟公司员工善于变通是分不开的。

美国的19世纪20年代被称作"迷惘的时代"。经过第一次世界大战的冲击，许多青年自认为受到了战争的创伤，只有拼命享乐才能冲淡创伤。于是，他们或是在爵士乐中尖声大叫，或是沉浸在香烟的烟雾缭绕之中。无论男女，都会悠闲地衔着一支香烟。女性是爱美的天使，她们抱怨白色的烟嘴常常沾染了她们的唇膏，她们希望能有一种适合女性吸的香烟。于是，"万宝路"问世了。

"万宝路（MARLBORO）"其实是"Man Always Remember Love Because Of Romantic Only"的缩写，意为"只是因为浪漫，男人总忘不了爱"。其广告口号是"像五月的天气一样温和"，意在争当女性烟民的"红颜知己"。然而，"万宝路"从1924年问世，一直到20世纪50年代，始终默默无闻。它颇具温柔气质的广告形象没有给淑女们留下多么深刻的印象。回应莫里斯热切期待的，只是现实中尴尬的冷场。

经过沉痛的反思之后，莫里斯公司意识到变通的重要性，将万宝路香烟重新定位，改变为男子汉香烟，大胆改变万宝路形象，采用当时首创的平开盒盖技术，以象征力量的红色作为外盒的主要色彩。在广告中着力强调万宝路的男子汉形象：目光深沉、皮肤粗糙、浑身散发着粗犷和原野气息、有着豪迈气概。他的袖管高高卷起，露出多毛的手臂，手指间总是夹着一支冉冉冒烟的万宝路香烟，跨着一匹雄壮的高头大马驰骋在辽阔的美国西部大草原。

这个广告于1954年问世后，立刻给公司带来了巨大的财富。仅1954年—1955年间，万宝路销售量就提高了3倍，一跃成为全美第十大香烟品牌。1968年，其市场占有率升至全美同行的第二位。1955—1983年，莫里斯公司的年平均销售额增长率为247%，这个速度在战后的美国轻工业中首屈一指。

万宝路成为世界500强的重要原因在于其员工和领导善于变通。思路决定出路，稍加变通，便有了更多的路子。

变通能够缔造双赢。员工通过变通可以取得非凡的业绩，实现个人的价值，同时，也会给企业带来经济效益，而且能为企业打造良好的客户关系，从而实现员工、企业、客户之间多方面的共赢。

让我们来看看下面这个聪明孩子是怎样运用变通之术的。

有一个聪明的男孩，有一天，妈妈带着他到杂货店去买东西，老板看到这个可爱的小孩，就打开一罐糖果，要小男孩自己拿一把糖果。

但是这个男孩却没有任何的动作。几次的邀请之后，老板亲自抓了一大把糖果放进他的口袋中。

回到家中，母亲很好奇地问小男孩，为什么没有自己去抓糖果而要老板抓呢？

小男孩回答得很妙："因为我的手比较小呀！而老板的手比较大，所以他拿的一定比我拿的多很多！"

这是一个聪明的孩子，他知道自己的力量有限，更重要的，他明白别人比自己强。凡事不只靠自己的力量，学会适时地依靠他人，是一种谦卑，更是一种聪明。

所以说，穷则变，变则通，通则久。遇到困难就要改变自己的思路和行为，只有改变，才能克服困难，走向成功。

1945年战败的德国一片荒凉，一个年轻的德国人在街上发现——当时德国人处于"信息荒"，国民获得的信息非常匮乏。于是，他决定卖收音机！可是，当时在联军占领下的德国，不但禁止制造收音机，连销售收音机也是违法的。这名年轻人就将组成收音机的所有零件、线路全部都配备好，附上说明书，一盒一盒以"玩具"的形式卖出，让顾客动手组装。这一思路果然产生奇效，一年内卖掉了数十万盒，奠定了西德最大电子公司的基础，这个年轻人名叫马克斯·歌兰丁。

马克斯·歌兰丁巧妙地打破了常规，获得了成功。在现实工作中，优秀员工懂得在困境面前主动地改变自己的思路和方法，用创新的精神去克服困难；而末流的员工只是固守旧有的思维模式和行为模式，不懂得随着外界环境的变化而灵活创新，最后的结局只能是工作毫无突破，甚至会被毫不留情地淘汰，成功对于他们来说，永远都是可望而不可即的。

弱者等待机会，强者创造机会。

美国的两个饮料界巨人——可口可乐与百事可乐，从1902年百事可乐问以来，彼此斗了上百年。因为可口可乐比百事可乐先上市13年，因此百事可乐一直处于被动地位。到了20世纪50年代，可口可乐仍以2∶1的优势领先百事可乐，然而到了80年代，双方的差距逐步缩小，可以说势均力敌，彼此厮杀得非常激烈。

在这短兵相接的市场争夺战中，美国百事可乐总裁罗杰·因瑞可总是拿"两个和尚过河"的故事来勉励自己。故事是这样说的。

有两个和尚决定从一座庙走到另一座庙，他们走了一段路之后，遇到了一条河。由于刚刚下过一场暴雨，河上的桥被冲走了，但河水已退，他们知道可以涉水而过。

这时，一位漂亮的妇人正好走到河边。她说有急事必须过河，但她怕被河水冲走。

第一个和尚立刻背起妇人，涉水过河，把她安全送到对岸。第二个和尚接着也顺利渡河。

两个和尚默不作声地走了好几里路。

第二个和尚突然对第一个和尚说："我们和尚是绝对不能近女色的，刚才你为何犯戒背那妇人过河呢？"

第一个和尚淡淡地回答："我在背她之时就已经将她放下了，可是我看你到现在还背着'她'呢！"因瑞可在他所写的《百事称王》一书中，不断地告诫自己，要学习第一个和尚勇于任事的行为，而不要像第二个和尚，那么轻易就被一个成规束缚住了。

美国首富保罗·盖帝说："墨守成规乃致富的绊脚石。真正成功的商人，本质上流着叛逆的血。"每个员工都应该学会变通，在变通中发展，在变通中走向成功。假如你陷入了困境，不要消沉，不要焦虑，有一条路可以绕开生活道路上的一切障碍让你到达目的地，这就路就是所谓解决问题的绝妙方法——变通。

日本松下公司十分重视员工的变通能力，他们要求员工具有高度的敬业精神，并能将个人智慧变通地运用于工作中。这一点，从松下公司对员工的选拔和考核中可见一斑。

有一次，日本松下公司准备从新招的三名员工中选出一位做市场策划，于是，他们例行上岗前的"魔鬼训练"，以此决出胜负。

公司将他们从东京送往广岛，让他们在那里生活一天，按最低标准给他们每人一天的生活费用2000日元，最后看他们谁剩的钱多。

剩下钱是不可能的：一罐乌龙茶的价格是300日元，一听可乐的价格是200日元，最便宜的旅馆一夜就需要2000日元……也就是说，他们手里的钱仅仅够在旅馆里住一夜，要么就别睡觉，要么就别吃饭，除非他们在天黑之前让这些钱生出更多的钱。而且他们必须单独生存，不能联手合作，更不能给人打工。

第一名员工非常聪明，他用500元买了一副墨镜，用剩下的钱买了一把二手吉他，来到广岛最繁华的地段——新干线售票大厅外的广场上，演起了"盲人卖艺"，半天下来，他的大琴盒里的钞票已经满满的了。

第二名员工也非常聪明，他花500元做了一个大箱子，上写：

将核武器赶出地球——纪念广岛灾难55周年暨为加快广岛建设大募捐，也放在这最繁华的广场上。然后，他用剩下的钱雇了两个中学生做现场宣传演讲。还不到中午，他的大募捐箱就满了。

第三名员工真是个没头脑的家伙，或许他太累了，他做的第一件事就是找了个小餐馆，一杯清酒一份生鱼一碗米饭，好好地吃了一顿，一下就消费了1500日元。然后，他钻进一辆废弃的丰田汽车里美美地睡了一觉……

广岛人真不错，前两名员工的"生意"异常红火，一天下来，他们对自己的聪明和不菲的收入暗自窃喜。谁知，傍晚时分，厄运降临到他们头上，一名佩戴胸卡和袖标、腰挎手枪的城市稽查人员出现在广场上。他扔掉了"盲人"的墨镜，摔碎了"盲人"的吉他，撕破了"募捐人"的箱子并赶走了他雇的学生，没收了他们的"财产"，收缴了他们的身份证，还扬言要以欺诈罪起诉他们……

这下完了，别说赚钱，连老本都亏进去了。当他们想方设法地借了点儿路费、狼狈不堪地返回松下公司时，已经比规定时间晚了一天。更让他们脸红的是，那个稽查人员正在公司恭候！

是的，这个"稽查人员"就是那个在饭馆里吃饭、在汽车里睡觉的第三名员工，他的投资是用150日元做了一个袖标、一枚胸卡，花350日元从一个拾垃圾老人那儿买了一把旧玩具手枪和一脸化妆用的络腮胡子。当然，还有就是花1500日元吃了顿饭。

这时，松下公司国际市场营销部课长宫地孝满走出来，一本正经地对站在那里怔怔发呆的"盲人"和"募捐人"说："企业要生存发展，要获得丰厚的利润，不仅仅要会吃市场，最重要的是还要懂得怎样吃掉市场上的敌人。"

故事里的第三位员工懂得吃掉市场的人，他无疑是三者中最讲方法和策略的。他的成功胜出让我们看到了"变通"所能产生的作用和能量。

从成功的角度来讲，两点之间的最短距离并不一定是条直线，也可能是一条障碍最小的曲线。

要找到这条曲线，需要一颗时时寻找方法去处理事情和面对困难的心。一流的员工，会养成变通的习惯，力争做到最好。每个渴望实现自我价值和最大潜能的人，从现在开始就要开启智慧的心，变通地克服困难。这也许是松下"魔鬼"考核给我们最大的启示。

第六章

善用长处

改变你的工作情绪

　　情绪的主宰力量在人类的身上，一代一代地遗传和强化，并且作用于现实生活，反映在人的一生之中。如果你想改变你平凡的人生，你想获得成功，成为命运的赢家，那么，你需要矢志不渝地用心去做。

　　人的情绪有两种——消极的和积极的，我们的生活离不开情绪，它是我们对外界正常的心理反应。美国密歇根大学心理学家南迪·内森的一项研究发现，一般人的一生平均有3/10的时间处于情绪不佳的状态。我们不能成为情绪的奴隶，不能让那些消极的心境左右我们的生活。因此，人们常常需要与那些消极情绪作斗争。

　　那些所谓的负面情绪之所以会让你觉得不舒服或痛苦，乃是因为它带给你这个信息：你现在所做的这一套不管用。之

所以会不管用，若不是我们的认知出了问题，那就是我们的行
为未达到预期的效果，这个行为包括了信息的告知及采取的行
动。造成这样的结果，很可能是你的沟通技巧不成熟，也可能
是你对别人满足你需求的期望过高，由于未能如意，结果造成
你一些负面情绪，如沮丧、不悦或伤了自尊心。若以积极的心
态去看负面情绪，其实它是一种行动信号，例如，自尊心受
伤，是告诉你必须改变沟通技巧，那么日后自尊心便不会再受
伤；如果沮丧，是告诉你得改变原先的做法，别以为一切无望
或无法掌控。

　　科学家发现，消极情绪对我们的健康十分有害，经常发怒
和充满敌意的人很可能患有心脏病，哈佛大学曾调查1600名心
脏病患者，发现他们中经常焦虑、抑郁和脾气暴躁者比普通人
高三倍。因此，可以毫不夸张地说，学会控制你的情绪不仅是
你职业和事业的需要，也是你生活中一件生死攸关的大事。

善于利用自己的长处

人不能总盯着自己的缺点，要学会发挥自己的长处。

每个人的精力都是有限的，不可能样样都学，样样都强。西点军校一直崇尚这样的至理名言："聪明人要善于正视自己擅长的东西，并把它坚持下来，经营一生。"也只有在自己最擅长的领域里打拼，才有可能获得最终的胜利。

每个人也都有自己的优势和弱势，技艺就是实力，磨炼出过硬的技艺可以使你在激烈的竞争中战无不胜，成为永远的赢家。

有一个小男孩自小就非常喜欢柔道，在老师的推荐下，一位著名的柔道大师将他收为徒弟。

然而，小男孩还没来得及学习自己钟爱的柔道，就在一次车祸中失去了右臂。那位柔道大师找到小男孩的家，对他说："如果你还想学，我依然会接纳你。"于是，小男孩在伤愈后，就跟随大师学习柔道。

这个小男孩非常懂事，知道自己的条件不如别人，因此更加刻苦努力。然而，半年的时间过去了，大师就只教给他一个招数。小男孩虽然感到好奇，但他相信师父这样做一定有自己的道理。

又过了大半年，师父每天教给他的还是那一招，小男孩终于按捺不住，跑去问师父："为什么老是这一招，我不能学点儿别的招数吗？"

师父笑着对他说："你只要把这一招学好、学精就够了。"

不久之后，这位大师带着小男孩去参加一场柔道比赛。当裁判宣布本次大赛的冠军就是小男孩时，他自己都对这个结果难以置信。没有右臂的他，用一招就在大赛中获胜。

回去的路上，小男孩用疑惑的眼神看着师父，并问道："我怎么用这一招就夺得了冠军呢？"

师父摸着他的头，亲切地说："有两方面的原因：首先，我反复教给你的这一招是柔道中最难的一个招数；其次，破解这一招的唯一办法就是抓住你的右臂。"

　　世界上没有绝对的废物，一切事物的存在都有其本身的价值。只要找到用于出击的突破口，谁都能够成为有用之才。对于这个男孩来说，在某种情形下，自身的缺陷症可以成为自身的优势，而且这种有时是独一无二的，更是别人无法抄袭的。

　　找出自己身上的优点，即使你只是一根小小的火柴，也会发出光和热。因为上帝给你关上一扇门的同时，也必然会给你打开一扇窗。只要把那扇窗打开，阳光就会洒进来，照亮五光十色的人生。

　　世间万物，各有所长。鸟因其有翅膀而展翅翱翔，鱼因其善水性而常游江海。它们依靠自己的特长而成为万物中的一分子，在永恒的生存竞争中占得一席立足之地。如果它们丢掉自己的长处，就只能在激烈的生存竞争中被淘汰。

　　人生的秘诀同样是要善于利用自己的长处。

　　有个小伙子高考落榜后，心情非常沮丧，心烦了就上街找人打架，发泄心中的郁闷，久而久之，成了远近闻名的"打手"。

　　有一天，小伙子被人雇来去某高校打个人，刚走进校门，他看见大礼堂内正在举办一场名为"专家点拨成功之路"的报告会，那个被打的对象正在礼堂听报告。无奈，他只好站在门口等着。无意间，听到老教授在报告中提道："每个人的身上都有闪光点，要想做出成绩，就要善用自己的长处。"小伙子听后深有触动。

散会后，他找到老教授，问道："你说每个人都有自身的闪光点，我怎么找不到啊？"

老教授对这个小伙子的情况进行了解以后，笑着说："你刚才不正想利用自己的长处吗？"

小伙子愣了一下，老教授接着说："'打人'就是一种长处，只是看你怎么用，如果你利用它去打击犯罪分子，惩恶扬善，那你就实现了自己的人生价值，甚至能够做出一番成绩呢。"

在老教授的循循善诱下，小伙子终于有所醒悟。于是，在当年的征兵季节就参军入伍了。

在部队中，他由于表现突出，屡次勇斗歹徒而受到嘉奖。复员后，政府给他安置了一份待遇丰厚的工作，他更加脚踏实地、兢兢业业地工作，最终成就了一番事业。

这是一个"失足"的小伙子，善于利用自己的长处而走向成功的例子。从中我们发现，善用自己的长处是明智之选，在人生的十字路口，一个人如果站错了位置，用自己的短处来谋生，是非常愚蠢的选择，他或许会陷入永久的卑微和失意中，无法自拔。对一技之长保持兴趣十分重要，即使它"搬"不上台面，但可能对你走向成功有着巨大的帮助。

在你找工作的时候也是同样的道理，你无须考虑这份工作是否能使你成名，而要选择最能使你的长处得到充分发挥的工作。这是因为经营长处能使你的人生变得越来越有价值，反之，你的人生就会贬值。

德国著名的思想家、诗人歌德曾经说过："每个人都有与生俱来的天分，如果这些天分能够得到充分的发挥，自然可以给他带去极致的快乐。"

在人生漫长的旅途中，如果你也希望体验到这份快乐，那么就要从自己的长处入手，抓住机会，充分发挥这份优势。如果你抛开自己的优势和才能，在不擅长的领域寻求发展，那么你很快就会发现，自己就像掉进了泥潭，越挣扎陷得越深。

因此，你首先要重新审视自己，发掘自己的长处。即便你一无是处，你也可以从今天开始培养自己的一技之长，只要掌握一个技能，你就能打遍天下无敌手。

健康的精神需要健全的体魄

好身体是你取得成功的基本筹码！

据说西点军校最著名的五星上将校长麦克阿瑟，是最早在西点推广体育锻炼和运动节目的，他还提出了"军校的每个学生都是运动员"的口号。他认为体育锻炼能够培养西点学生坚定执着的性格、自我约束和快速反省的能力。

有很多人认为，西点军校与美国常春藤名校最大的区别在于体能上的关注度，因为那些常春藤名校常常不可避免的弥漫着一些颓废消极的情绪，但是西点军校的学生必须是体能良好，性情积极的年轻人。不管这个学生的文章写得有多好，学习成绩多么突出，如果体能没能达标，一样进不了西点军校；如果为人颓废消极，更是没办法在西点熬到毕业。

西点军校所信奉的格言是：健康的精神需要健全的体魄。

体育训练在西点军校4年的学习生涯中贯穿始终，所有学生都需要修习体育原理知识课程、身体素质基础知识训练课程、运动技巧课程等，并且需要在学校的四年中参加各类体育赛事。

西点军校的体育运动都是由专门机构组织的，涉及面很广泛：网球、篮球、足球、排球、垒球、美式橄榄球等，还有各种诸如短跑、马拉松和越野跑，等等。

由于西点的学生有优越的体能，因此经常会参加各种大大小小的体育比赛。在31项校际比赛中，西点军校有25项都处于绝对的领先地位。也正因为如此，西点学生对体育赛事的结果非常看重，视此为他们荣誉的重要象征。

每当西点有重要的校际体育比赛时，西点上下便会如临大敌。漂亮的女子啦啦队、骡子（美国陆军吉祥物）、坦克车和老式大炮都有可能会搬上赛场进行造势。有时甚至会调来军校的直升机临场助威。赛事在中场休息阶段，大量的西点学生就会冲入体育场内，集体做俯卧撑，用此起彼伏的气场吓到对手。

通过体育赛事上的氛围，西点军校会鼓励学生们加强体育锻炼，拥有健康体魄，并在体育锻炼中获得友谊、激发好胜心、懂得团队合作，真可谓是一举数得。

美国第三十四任总统、陆军五星上将艾森豪威尔，有着将近1.8米的身高，而且身形很魁梧。他在西点军校能够脱颖而出，要归于他的体育能力。他在足球运动上非常有天赋，曾经为西点足球队立下汗马功劳，甚至得到美军足球联队的邀请，还曾经得到过"堪萨斯旋风"的美名。除了足球，艾森豪威尔的拳击、击剑、游泳和摔跤也都有着骄人的成绩，这些让他在进入西点军校以后快速走进人们的视野。

"我敢肯定这个小家伙能够横渡英吉利海峡，和敌人短兵相接。"这是当时教官对他的评价。很可惜，艾森豪威尔的膝盖在一场赛事中受了伤，虽然之后治愈了，但在足球场上很少再看见他矫健的身影。但是，他仍然极其热情地参加其他体育锻炼，比如双杠这种体操运动，还有游泳等，都让他始终保持着良好的体能和清醒的头脑。

体育运动锻炼了他的自制力，增强了克服困难的意志力，相信这些也都给他未来成为美国总统奠定了坚实的基础。

西点军校第四任校长塞耶曾经说过："一个人身体上有力量，心理上也就有了力量。"的确如此，健全的体魄对于人们健康的精神有着非常大的影响，人们所说的身心健康，说的就是身心是分不开的。

正像古希腊伟大的思想家和发明家亚里士多德所说的那样："生命在于运动。"

健康是"1"，而幸福事业金钱成就等就是后面的"0"。当然这个"0"越多就证明你越成功，你的生命就越有意义。但是，如果前面的"1"没有了，后面的"0"再多又有什么意义呢？我们每个人都要爱惜自己的身体，希望悲剧不再发生。

你们是不是希望自己高大帅气、四肢协调、身体健康呢？那就多做运动吧，而且运动场上是收获朋友的绝佳地方，只要不影响正常的学习生活，经常运动绝对有百利而无一害。

养成遵守纪律的好习惯

只有服从纪律的人，才能执行纪律。纪律是至高无上的，世界上没有任何事情是绝对的，包括自由。没有纪律的约束，自由就会滋生堕落。一个组织必须在严格纪律的保障下才能运转，否则人人各自为政，就如一盘散沙，最终导致组织的瓦解。

我们不必把纪律视为洪水猛兽，它没有那么可怕。英国克莱尔公司在新员工培训中，总是要先宣读本公司的纪律。首席培训师经常这样说："纪律就像高压线，只要你略微注意一下，或不要故意去碰它，那么你就是一个遵守纪律的人。"

西点军校向来以制度完善、纪律严明而闻名中外。每位新学员进入西点首先需要明确的校规就是严格遵守纪律、坚决服从上级命令。西点人认为自觉自律是意志成熟的标志。

"我们要做的是让纪律看守西点，而不是教官时刻监视学员。"这就是西点人的宣言。西点军校认为：在自由国度发生战争时，纪律使士兵成为可以信赖的对象，一支有纪律的队伍才是最优秀的队伍。

巴顿将军认为："纪律是保持部队战斗力的重要因素，也是士兵们把潜力发展到最大的关键所在。所以，纪律应该是坚不可摧的，他的强烈程度甚至能比得上战斗的激烈程度和死亡的可怕性质。"他要求部队要有铁一般的纪律，不能有半点含糊，他认为遵守纪律是对军人最基本的要求。

美国著名培训专家拿破仑·希尔曾经讲过这样的故事：

为了受理客户的投诉，华盛顿一家百货公司专门为此开设了一个柜台。很多女士排着长队，争先恐后地向柜台后面的那位小姐投诉自己在此受到的不公平待遇，以及对公司服务的诸多不满。甚至有很多顾客说话粗暴且蛮横无理。

柜台后面的这位小姐却始终面带笑容倾听这些顾客的喋喋不休，她的举止优雅而从容，微笑着告诉他们应该找哪个部门去解决问题。她的亲切和随和对于那些有着很多不满情绪的妇女来说，是很好的安抚。

拿破仑·希尔发现在这位小姐的身后站着另外一位女士，并且不断地在纸上写着什么，然后把那张纸递给她。原来纸上写的就是妇女们抱怨的内容，但是省略了他们比较伤人的语言。

后来拿破仑·希尔才知道，那位一直面带微笑的小姐是个聋哑人，而后面的人是她的助手。出于好奇，拿破仑去拜访了这个百货公司的经理。

经理坦言道："其实，这个接待客户投诉的岗位曾经有很多人都尝试过，但是没有人能够胜任。只有这个'耳聋'的员工才有这种自制力，并且能够出色地完成这个艰巨的任务。"

把外在的纪律条文转化为内心的道德成为一种自觉的行为，这才是真正树立起了纪律观、具备严格遵守纪律的精神。纪律的最终目的是让人们即便是不在别人的监视和控制范围内，也能知道什么是正确的。

西点认为，青年人年轻气盛，做事比较冲动，结果毁掉了自己的前程，而通过纪律的锻炼，能够使一个人在艰苦的条件下工作和生活。我们应该懂得纪律并不是枷锁，严格地遵守纪律可以练就你严谨的态度和优良的作风。

一个不懂的遵守纪律的人，一定是一个没有约束力的人，而约束力的缺乏正是导致失败的罪魁祸首。纪律的终极目的就是达到这种约束力。在任何情况下，要想稳住自己，就必须是你身上的精神和约束力达到平稳，长期在纪律的严格要求下行事，你才会有自制精神，而这种精神是做任何事都不能缺少的。

　　一个员工如果没有纪律观念，那么他就是一个推卸责任、逃避困难、不敢面对挑战的员工，很难让人相信他会为企业担当什么责任，有哪个企业的领导敢赋予他更大的职责呢？

　　作为企业中的一分子，就应该把企业的事当成自己家里的事，应该站在企业的角度为其稳定和发展谋划考虑。

　　如果一碰到难办的事情，就筹划对策来逃避责任，当事情办砸以后，便以自己不知道为借口来逃避责任，这样做只会为自己的事业发展埋下隐患。

　　遵守纪律的关键是不仅要有责任心和约束力，更重要的是能够认同组织的价值观，并且实现组织的目标，也就是说要对组织有了解。只有在共同价值观的引导下，纪律才不会引起他人心中的怨恨。为了共同的目标而遵守纪律，组织成员间的关系会更加融洽。

利用好生命中的每一分钟

著名文学家、思想家鲁迅先生曾经说："时间犹如海绵里的水，只要你挤，总会有的。"

西点军校教导学生："如果能够养成节省时间的习惯，我们每天就能够多挤出一个小时来学习。这样长年累月，就必定会达到我们想要达到的目标。"

18世纪美国伟大的科学家和发明家弗拉克林说过这样一句名言："你热爱生命吗？那么，请别浪费时间，因为时间是组成生命的材料。"

著名成功学大师海特斯·莱西曾经接到过一个年轻男孩的求救电话，他与那个渴望成功并请求他指点的男孩约好了见面的时间和地点。

男孩如约而至时，莱西的房门敞开着，眼前的景象令男孩颇感意外——莱西的房间里乱七八糟、一片狼藉。没等男孩开口，莱西就向他招呼道："你看我这儿太乱了，你在门口等我一分钟，我收拾好了，你再进来。"

说完，莱西就把房门轻轻地关上了。

一分钟之后，莱西打开房门，并热情地把男孩请进了客厅。这时，男孩看到了另外一番景象——房间内的一切都已经变得井井有条，而且还有两杯刚刚倒好的红酒，房间里弥漫着淡淡的酒香。

可是，还没等男孩把心里有关人生和事业的疑问讲给莱西听，莱西就客气地对他说："干杯，你可以走了。"

男孩拿着那杯酒愣在了那里，既有点尴尬又非常遗憾地说："莱西先生，我还没向您请教问题呢！"

"这些还不能说明问题吗？"莱西微笑着扫视自己的房间，亲切地说："你进来已经有一分钟了。"

"一分钟？"男孩若有所思地说："我知道了，您是想告诉我一分钟能做很多事，可以改变很多事的深刻道理。"

莱西舒心地笑了。男孩举起酒杯，一饮而尽，向莱西道谢后，心情愉悦地离开了。

的确如此，只要利用好生命的每一分钟，也就把握了自己的未来。

德国大诗人歌德说："如果我们能够用对时间，那么我们有的是时间。"

英国文艺复兴时期的戏剧家、诗人莎士比亚，24岁时开始写作，利用20年的时间写了37部剧本，2部长诗，154篇十四行诗，给后人留下了丰富而宝贵的精神财富。他的剧本往往都是享有盛名的大作，在欧洲各国反复上演，近百年来被多次拍成电影播放。为了纪念莎士比亚诞生400周年，很多国家发行了纪念莎翁的邮票。

莎士比亚被马克思称为"人类最伟大的天才之一"。莎士比亚确实很有天赋，谈吐得体，并且有良好的表演才能。但是，他的成功更多来自他的勤奋。他曾说："放弃时间的人，时间也会放弃他。"因此，他非常珍惜时间，从不放弃任何闲暇时光。

少年时代，莎士比亚在一所"文学学校"上学，学校管理非常严格，因而他受到了很好的基础教育。在校的6年间，他硬是利用很多闲暇时光，阅读完学校图书管理的上千册图书，还能流利地背诵大量的诗作和剧本里的精彩对白。

　　莎士比亚出生在一个比较富足的家庭，他从小就热爱戏剧，由于父亲是镇长，而且喜欢看戏，所以经常找来一些剧团到镇上表演。莎士比亚每次看得都很痴迷。平时，他会召集小伙伴们来表演剧中的人物和情节，从小就表现出了卓越的戏剧才能。

　　后来，父亲因投资失败而导致破产，12岁的莎士比亚被迫走上了独自谋生的道路。他当过兵、做过学徒、干过小工，还做过乡村教师等很多职业。在工作期间，他对各色人物进行了细致的观察，还记录下他们凸显个性的对话，这些都成为他日后的创作素材。

　　莎士比亚22岁时来到伦敦，出于对戏剧的强烈喜爱，便找到了在一家剧场里给贵族们牵马看车的工作。工作不久，为了去剧场观看演出，他就用之前挣来的钱雇了几个小孩子帮他完成工作。渐渐地，莎士比亚开始在演出中担任一些跑龙套的角色，这种转变使他感到万分激动，因为这样自己就可以在舞台上更近距离地观摩演员们的表演。

正当莎士比亚将要转为正式演员时，鼠疫开始在欧洲大肆蔓延，成千上万人为此丧生，剧场被迫关门。剧场的老板和演员们都外出躲避鼠疫，莎士比亚却在此时选择留在剧院。

在经济萧条的两年里，莎士比亚利用每分每秒的时间阅读了大量书籍，删改了自己各个时期的笔记和好几部剧本，并开始进行新剧本的创作。等到英国经济复苏，演出再次火爆的时候，莎士比亚的巨作一鸣惊人，他本人也由此成为最杰出的剧作家。

莎士比亚的成功，在于他懂得利用闲暇时间学习、思索和创作。他的著作源于生活，并高于生活，不仅语言优美，人物个性鲜明，而且对白也极富韵律，很容易引起观众的共鸣。他的成功与他珍惜时间的习惯是息息相关的，他是个不放弃时间的人，因此也必然会获得成功的青睐。

时间就是生命，它比金钱更珍贵。金钱只是一种符号，失去了还有机会赚回来，但是时间一旦流逝，就永远找不回来了。只有充分利用闲暇时光，充分把握发展自我的机会，善加利用每一分钟，才能在自己所在的领域有所建树。

世界上充满了业余玩家

西点毕业生约翰·克里斯劳说："规则和纪律是一定要遵守的，但这绝不应该成为你墨守成规的借口。"

我们的行为举止不可能迎合所有的人，肯定会经常受到世俗的约束与制约。这些约定成俗的规则和经验，往往把我们的思维、行动限制在四堵高墙内。

任何事情都有两面性，即使是明文规定的法律与规则也并非适用所有场合和环境。社会的进步与个人的发展都需要敢于打破常规，不拘于常理，不需要事事都随波逐流、听天由命。推动社会进步的往往是那些具有革新精神、敢于突破常规、改造环境的人。

美国第十六任总统林肯说："我从不为自己确定永远适用的政策。我只是在每一具体时刻取得最合乎情况的事情。"可见，他没有把自己变成某一具体政策的奴隶，即使对于普遍性政策，他也不会在所有情况下强制实施。

美国杰出的发明家保尔·麦克里迪曾经讲过这样一个故事：

在麦克里迪的儿子刚满10岁的时候，有一天，他对儿子说："水的表面张力能够使针浮在水面上，而不会沉下去。现在我的要求是：我要你将一根很大的针放到水面上，同样也不能使它沉下去。"麦克里迪曾经做过这样的实验，所以他提醒儿子可以采取一些小技巧，比如，用小钩子或是磁铁之类的辅助工具。

但是，他的儿子不假思索地说："先把水冻成冰，然后这根针放到冰上面，再让冰慢慢融化不就行了吗？"

这个想法真是令人拍案叫绝！先不说是否能行得通，关键的一点是：麦克里迪绞尽脑汁地想了好几天，也没有想到这个答案。以往的经验限制了他的思维，而这个小家伙倒是不落窠臼。

此前，麦克里迪设计的首次以人力驱动的"轻灵信天翁"号飞机，成功地飞跃了拉芒市海峡，并因此获得214000美元的亨利·克雷默大奖。但是在投针这件事发生之前，他并没有明白他的小组为什么会在这场历时18年的竞赛中获胜。因为，无论是财力还是技术上的力量，其他小组都远超麦克里迪的小组，结果，他们组却独占鳌头。

听过儿子的回答之后，麦克里迪豁然开朗："尽管其他组的技术水平都很高，但是他们的设计都很普通。虽然我缺乏设计机翼结构的经验，但是我却对悬挂式滑翔以及那些小巧玲珑的飞机模型了如指掌。我设计的这款飞机虽然重量只有70磅，但是却'长着'90米宽的巨大机翼，并采用优质绳做绳索。我们的对手之所以失败，是因为他们懂得的标准技术太多了。"

这个故事告诉我们，阻碍我们成功的，不一定是我们的东西，也可能是我们知道太多的规则和经验。

一个心灵自由的人敢于打破常规，自我封闭的人永远没有进步的机会。故步自封的人往往会被人轻视，思想开明的人，身处任何行业都会有出色的表现，而故步自封的愚者仍然摇旗呐喊"不可能"。因此，你要学会善用自己的能力。

人的心灵需要不断接受新思想的洗礼和冲击，否则就会枯萎。

说起我国台湾首富王永庆，几乎家喻户晓。他带领台湾塑胶集团挤进了世界化工行业的前50名，而他是以卖米的小生意开始创业之路的。

　　由于家庭贫困，王永庆根本读不起书。他16岁时来到嘉义，开了一家米店。当时，嘉义已经有30多家米店，竞争十分激烈。身上只有200元现金的王永庆，只能在一个偏远的巷子里租一个小铺面。他的米店开得晚，规模又小，没有任何优势。所以在新开张的那段日子里，生意非常冷清。

　　王永庆曾经背着米挨家逐户地去推销，一天下来，不仅人累的都直不起腰来，而且效果也不好，因为没人相信一个小商贩推销的米。怎样才能打开销路呢？王永庆苦思冥想，那时候的台湾，农民还处在手工作业的状态，所以很多小石子之类的杂物就容易掺进米里。在做饭前，人们就先用簸箕筛米，然后还要用水淘几遍，既不方便，还耽误时间。但是大家对这个现象已经习以为常，没有什么可奇怪的。

　　王永庆却从这里找到了突破口，他和两个弟弟一起动手，将掺杂在米里的秕糠和砂石之类的小杂物一点一点地挑出来，然后再把米拿出去销售。这样销售了一段时间后，赢得了小镇上主妇们的肯定，觉得他的米质量好，还省去了筛米的麻烦。就这样，经过口口相传，米店的生意越来越好。

　　王永庆并没有就此止步，他还要在销售上下功夫。那时候，顾客都是自己买米，然后运送回家。这对年轻人来说没有什么。但是对于一些上了年纪的人，就有点费力了。而很多家庭一般都是老年人料理家事，年轻人忙于工作，因此买米的顾客里老年人居多。王永庆观察到这一点后，就决定免费送货上门。当时还没有"送货上门"这项服务，所以这一举措，大受欢迎。

　　王永庆送米，也并不是把米放到顾客家里就完事了。他还要把米倒进米缸。如果米缸里面还有米，他就把陈米倒出来，然后把米缸擦干净，再把新米倒进去，最后把陈米放到最上层，这样，陈米就不会因为长时间的存放而变质。王永庆精心的服务感动了很多客户，也因此赢得了更多客户。

　　如果是给一位新客户送米，王永庆就会带上笔和纸，记下这户人家米缸的容量，并且了解这家有几口人吃饭，几个大人，几个小孩，每个人的饭量如何，据此判断这户人家吃完这缸米的大概时间。

　　王永庆精细、务实的服务，使他的小店远近闻名，有了知名度以后，他的生意如日中天。经过一年多的资金和客户的积累，王永庆觉得时机已经成熟，便在繁华的临街处，租了一个比原来那个小铺大好几倍的门面房，开了一家碾米厂。

就这样，王永庆的标新立异开启了他问鼎台湾首富之路。

所以要切记不要让惯性思维控制住自己的人生，否则你的人生将在碌碌无为中度过。在借鉴前人经验的同时，试着遵从自己的行为规则和做事风格，你会发现自己正在向目标接近。

专业人员的行为是可以推测出来的。因为它有一套固定的行为模式；但是业余玩家的实力也不容小觑，因为它超越了模式，更优于以往的模式。

西点军校还流传着这样一句豪言："美国的大部分历史是由我们所培养出来的人才创造的。"因此，我们要创造历史，就要在利用前人经验的基础上，创造更好的事物，推动世界永无止境地前进。

作为历史长河中的一个过客，每个人都有责任和义务去推陈出新，使我们的生活变得更加美好。

学会学以致用

在风云变幻的职场中，脚步迟缓的人瞬间就会被甩到后面。而要想改变这些，学习的力量有效且巨大。换句话说，我们要想在竞争激烈的现代职场上站住脚，永远立于不败之地，就应该不断学习，不断更新自己，提升自己的能力，成为职场中永远的佼佼者，否则，就有可能被列入公司裁员的名单之中，被淘汰的命运说不定哪天就降临到我们的头上。

即使我们是工作数年的"资深"员工，也不要倚老卖老，妄自尊大，否则很容易被淘汰出局。那时候即使你是老板眼前的红人，他也会为了公司的利益，舍你而去。

我国台湾的资深音乐人黄舒骏在这方面就感受很深。处在流行工业最前线的唱片圈10年来，每年都有前赴后继的新人，以数百张新专辑的速度抢攻唱片市场，稍不留意就被远远地抛在后面。黄舒骏觉得："老不是最可怕的，怕变老才是最悲哀的事。"所以，"我是个容易忧虑的人，每天都觉得自己不行了"。面对推陈出新的市场，不断学习和创新才能不被抛出轨道，这样的忧虑是进步的动力。

美国职业专家就曾指出，现在职业半衰期越来越短，所有高薪者若不学习，用不了5年就会变成低薪。就业竞争加剧是知识折旧的重要原因，据统计，25周岁以下的从业人员，职业更新周期是人均一年零四个月。当10个人只有1个人拥有电脑初级证书时，他的优势是明显的，而当10个人中已有9个人拥有同一种证书时，那么原有的优势便不复存在。

管理者们也曾预言，未来社会只有两种人：一种是忙得要死的人；另一种是找不到工作的人。所以，不懈怠的学习才是百战百胜的利器，学习应该是自己一生坚持的事情。

一个颇有魄力的总经理在公司的经理会上说了这样一番话：

"如果现在公司命令你担任技术部长、厂长或分公司的经理，你们会怎样回答？你会以'尽力回报公司对我的重用。作为一个厂长，我会生产优良产品，并好好训练员工'回答我，还是以'我能胜任厂长的职务，请放心地指派我吧'来马上回答呢？

　　"一直在公司工作，任职10年以上，有了10年以上的工作经验的你们，平时不断地锻炼自己、不断地进修了吗？一旦被派往主管职位的时候，有跟外国任何公司一决高下、把工作做好的胆量吗？如果谁有把握，那么请举手。"

　　发现没有人举手后，他继续说："各位可能是由于谦虚，所以没有举手。到目前，很多深受公司、同行和社会称赞的前辈，都是因为在委以重任时，表现优异。正是由于他们的领导，公司才有现在的发展，他们都是从年轻的时候起，就在自己的工作岗位上不断地进修，不断地磨炼自己，认真学习工作要领。当他们被委以重任时，能够充分发挥自己的力量，带来出色的成果。"

　　所以，一个人的知识是有限的，能力也是有限的。而真正优秀的员工清楚，只有在工作岗位上不断地学习，磨炼自己，才能不断提高自己的专业水平和能力，满足公司发展的要求。

　　把所学知识应用到实践中去，是学习的最高境界。

　　有一个射箭技术超群的猎人，被村民称誉为"猎神"，他始终承担着村里的食物来源。猎神的儿子对打猎也很感兴趣，于是，猎神把所有的知识和经验都传授给了儿子，儿子经过一段时间的认真学习，对各种野生动物的习性已经非常清楚，学成以后，猎神胸有成竹地把弓箭交给儿子，让他一人去山上打猎。

半个月后，儿子满载而回。可是回到家里不久，儿子就倒地不起，很快就撒手人寰了。

原来猎神的儿子不小心被蜜蜂蜇了一下，由于没有得到及时处理，伤口感染了细菌，才导致一命呜呼。

猎神为此悲痛欲绝，难过不已，他多年来苦心栽培儿子，教给他打猎的每个步骤，还有如何扎营、如何与各种野生动物周旋，儿子连猛虎都毫不畏惧，却死在一个微不足道的小蜜蜂手里。

猎神的一个老朋友得知这个消息后，诚恳地对他说："你只能传授给他技术，却无法教给他经验和教训。人生本来就有太多的意外发生，你就节哀顺变吧。"

拥有许多丰富的知识纵然很重要，但是实战远比想象的复杂。我们不仅要学习知识，更要在实践中把知识转化为能力。"读万卷书，行万里路"，说的就是人要在学习很多知识的同时，也要把理论与实际结合起来，学以致用，善于利用知识处理各种情况，而不是死记规则。

　　丰富的经验也是成大事者不可或缺的资源，尤其是年轻人，由于涉世不深，经验比较少，这就要求他们不但要积累书本上的知识，还要注重现实生活中经验的积累。

　　时代的发展促使人们打破了以往对知识的理解。人们已经认识到，有了同等的知识，并不代表有了与之同等的能力。掌握知识与将其熟练地加以运用之间有一个过程，这就是学以致用的过程。如果具备知识但是不会应用，那么拥有的就是死知识。死知识不但没有半点益处，甚至有时还会有害。

　　因此，朋友们，你们在学习知识时，不但要把自己的脑袋变成储存知识的仓库，还要让它成为知识的熔炉。把所有的知识扔到大熔炉里进行消化和吸收。利用所学的知识参加学以致用的活动，提高运用知识的能力，使学习过程转化为提高能力、增长见识、创造价值的过程。

　　要想做到真正的学以致用，需要加强知识的学习和能力的培养，并把两者的关系协调好，使知识与能力能够相辅相成，共同促进，发挥出从未有过的潜力和作用。要想做到学以致用，不仅要苦读与爱好、兴趣和职业相关的"有字之书"，同时还要领悟生活中的"无字之书"。

读"有字之书"可以学习前人累计的丰富知识和学以致用的经验，并从中借鉴，避免走弯路；读"无字之书"可以了解现实、认识世界，并从"创造历史"的人那里学到书本上没有的知识。

我国著名画家、书法篆刻家齐白石对精研"有字之书"十分推崇，但他更看重"无字之书"。他的画之所以能推陈出新。创造出卓尔不群的书画风貌，是他在现实生活中不断开拓的结果。

纵观齐白石一生的杰作，所展现出的是一幅幅栩栩如生的花鸟鱼虫、欣欣盎然的草木，可以求工处恰如雕刻，粗犷豪放处如同泼墨，可谓"形神兼备"。尤其是他的水墨画虾，更是独具一格、活灵活现，令人情不自禁地拍手叫绝。但是有谁会了解纸上的画有多少是画外之音呢？

以水墨画虾为例，为了能把虾画得更加生动，齐白石对着虾观察了无数遍，以致画出来的虾达到了出神入化的境地。

他画虾已经有几十年的时间，可将近70岁时才觉得自己赶上了前人画虾的水平，他不看"无字之书"，不肯下笔作画的作风，更是把他严谨的创作态度展露无遗。

　　学以致用就是要把所学的知识运用到实践中去，这是成大事者必备的一种能力。很多人不能把知识和实践融会贯通，只知道学习书本上的死规则，这样即便积累了丰富的知识，也不能将其力量充分地发挥出来。

　　知识的作用只有在运用中才能展现出来，这也正是成功者之所以能够成功的关键所在，要想将知识转化为力量，转化为引导你走向成功的资本，就要养成这种学以致用的习惯，从而使所学有所用。

　　如果我们能够在有限的时间内阅读更多的书籍，并做到学以致用。那么就会取得意想不到的收获。

　　学以致用能够检验所学知识是否正确。书上的知识能够与实际结合成功，就证明书上的知识是正确的；反之，就说明书上的知识可能存在偏差、不科学。

　　读书的目的在于把它应用到实践中，在于知道人们的生活。读书如果不与实际相联系，就是毫无用处。因此最行之有效的读书方法就是理论与实际相结合。

　　在职场上奋斗的人学习，有别于在学校的学生学习，缺少充裕的时间和心无杂念的专注，以及专职的传授人员，所以更应该积极主动。

年轻的彼得·詹宁斯是美国ABC晚间新闻当红主播，他虽然连大学都没有毕业，但是却把事业作为他的教育课堂。最初他当了三年主播后，毅然决定辞去人人艳羡的主播职位，决定到新闻第一线去磨炼，干起记者的工作。

他在美国国内报道了许多不同种类的新闻，并且成为美国电视网第一个常驻中东的特派员。后来他搬到伦敦，成为欧洲地区的特派员。经过这些历练后，他重又回到ABC主播台的位置。此时，他已由一个初出茅庐的年轻小伙子成长为一名成熟稳健又广受欢迎的主持人了。

如果我们有心，我们每个人都会有这样的体会：通过在工作中不断学习，可以避免因无知滋生出自满，损及自己的职业生涯。所以，不论是在职业生涯的哪个阶段，学习的脚步都不能稍有停歇，要把工作视为学习的殿堂。

第七章

优秀的品质

给自己一颗必胜的信念

西点军校有一条学生们挂在嘴边的信条：Can do and Winning Attitude——必胜的信念。

西点的教官这样教育学员："在战场上除了胜利就是失败，没有平局可言。西点不希望走出去一个弱者。那么，用什么来证明呢？就是胜利，唯有胜利才能证明一切。"

在西点军校，无论是面对学习排名，或是体育赛事的名次，又或者是被赋予的挑战任务，学生都必须具有一种必胜的理念。他们的口号是：We can do it。没有什么不能搞定的。

为了提高竞争意识和水平，西点军校除了组织学员之间的军事、体能竞赛外，主要通过体育竞技比赛来进行竞争训练。在泰勒就任西点军校校长时，美国总统竟特意授意他要把西点的橄榄球队搞上去，陆军部的长官们也非常关注西点的体育运动，目的很明确，就是通过体育竞技来提高学员的竞争意识和水平，如果西点球队输球了，校长、教练、队长都会作为重大事件来商量对策，直至取得胜利为止。比如，1961年，西点军校橄榄球队在一系列比赛中连连败阵，军校当局撤掉了文斯·隆巴迪的教练之职，同时委任受人欢迎的波尔·迪茨尔任新教练。校长威斯特·摩兰解释说："委任迪茨尔担任西点军校橄榄球队的教练，是为了国家利益，为了陆军的利益，为了西点军校的利益。经过我们大家的共同努力，总算找到了一位能'取胜'的理想教练。"

当西点军校参加校际比赛时，无论什么类型的比赛，全校上下都会一致对外，在气势上压倒对方。非常有趣的一件事情是，西点如果公布一项赛事情况，从来不会说"西点军校将于什么时间与什么队伍比赛什么项目"，而是会宣称"西点军校将于某月某日某时某地打败某校的某个队伍"。

西点的教育是成功的，"只争第一"的信念激发了西点人胜利的欲望，培养了西点人在任何困境中都充满勇气和信心，促使西点人敢于竞争，并通过实际的努力来获得最终的胜利。

正因为西点军校拥有这样的信念，使得他们成为各项赛事上的常胜将军，就连西点人看似不太擅长的辩论赛，他们都能多年保持全美前十名的成绩。

的确，西点人正是由于有着这种必胜的理念，所以，无论做什么都能保持饱满的激情，无论处于什么样的环境下都能用一种积极乐观的心态去面对。比如，西点军人日常工作的用语几乎都包含着胜利的寓意，他们称掩蔽壕为"战壕"，他们从不说"撤退"，而是说"攻击后方"。

不错，现实生活当中，只有心中有了必胜的信念，你才会积极乐观地面对每一件事情，才会充满信心地去面对每一件事情。

所以，如果生活当中你的态度不够乐观，不够积极，那么，不妨也学习一下西点军人的必胜理念，不断地告诉自己"没有什么不能搞定"，当你总是用这种思想激励自己的进修，你的心态也就能在不知不觉中变得开阔与乐观起来了。

当然，想要保持必胜的心态，我们还必须能够做到这样两点：

失败之后，再试一次；

无论做什么，都比别人多付出一点儿。

如果你能够这样要求自己，那么你也必将成为一名出色的成功者。

　　西点的军官常说：别人都已放弃，自己还在坚持，别人都已退却，自己依然向前。只要拥有信念，哪怕前途依然坎坷，依然看不见光明，哪怕自己总是孤独，只要坚持地奋斗，就能够找到自己的成功之路。

　　莫扎特小时候家里穷，每天都要做大量的苦工来维持生计，但是到了晚上，却总是偷偷溜进教堂聆听风琴演奏的乐曲。他全身心都融到音乐中，哪怕在最困难的时候，都没有放弃对音乐的执着追求，最终，莫扎特成为世界著名的音乐家。

　　当巴赫还是小孩子的时候，家里很穷，连点一支蜡烛也舍不得，他只能在月光下抄写学习的东西。当那些手抄的资料被没收以后，他也没有灰心丧气，反而更努力地学习音乐。

　　分析这些音乐家成功的原因，可以说，是对音乐的追求，对音乐的热爱，这种坚定的信念成就了他们。拥有坚韧和信心，坚定必胜的信念，勇敢地与困难拼搏，就一定能有所成就。

　　人是为什么而活？又是什么在支撑着人们努力奋斗？其实，这不过是两个字——信念。信念可以给弱者以勇气，给气馁者以希望，给那些强者以更强大的力量。正如毕业于西点的美国陆军上将约瑟夫·T.麦克纳尼所说："有了信念，才不会有退缩、逃避、惰性和放弃。"

　　世界如此之大，但是为什么大部分的人平庸，而只有小部分的人成功了呢？促使这少部分人成功的原因有很多，但绝对少不了这样一个信念，因为信念是一切奇迹的萌发点，所有成功的人都是在坚定信念后开始行动的。

　　信念是成功与否的分水岭。一个没有信念支撑的人，往往就没有坚韧的品格，一旦遇到困难就轻易放弃，结果当然与成功无缘。所以我们可以说，没有成功的人最大的原因是信念不足。相反，一个有着信念支撑的人，往往具备着坚韧的品格，无论遇到何种困难和挫折，他们都会咬着牙走下去，结果成功不期而至。所以，我们也可以说，坚定信念的人，是一个向成功迈进的人。

　　艾尔弗雷德·沃登曾这样说："一个有着坚定信念的人，胜过一百个只有兴趣的人。"那么，你们有信念吗？信念是免费的，你们每一个人都应该在自己的心中树立某种信念，只要坚持这个信念，奇迹就会随时可能发生。

坚定的信念

　　坚定的信念是一个人成功的根本保证，但凡成功的人士，他们都拥有远大的理想和高远的志向。而且他们在自己人生的道路上绝对不会因为困难而退缩。

　　国内著名的培训机构新东方培养了数不胜数的优秀人才，无数学生从那里不仅提高了外语成绩，更懂得了成功来自于拼搏、信念加努力，没有什么不可能，新东方董事长俞敏洪提出的"从绝望中寻找希望，人生终将辉煌"也成为许多人的座右铭。

　　俞敏洪出生于江苏农村，经过三次高考终于奇迹般考上了北京大学。进大学以前没有读过真正的课外书，大三时因病休学一年，在北京大学（以下简称北大）读书的最后一年，因为英国文学史考试不及格而差点毕不了业。

　　苦练普通话。刚进北大的时候，俞敏洪不会讲普通话，全班同学第一次开班会的时候互相介绍，他站起来自我介绍了一番，结果班长站起来跟他说："俞敏洪你能不能不讲日语？"他后来用了整整一年时间，拿着收音机在北大的树林中模仿广播台的播音，苦练普通话。

　　大量阅读。俞敏洪进大学的第一天，看见一个同学躺在床上看《第三帝国的兴亡》，他好奇地问"在大学还要读这种书吗？"那个同学看了他一眼，没理他，继续读书。这一眼一直留在他心中。他知道进了北大不仅仅是来学专业的，要读大量大量的书，才能够有资格把自己叫作北大的学生。他在北大读的第一本书就是《第三帝国的兴亡》，而且读了三遍。后来俞敏洪去找这个同学，说和他聊聊《第三帝国的兴亡》，那个同学说早已经忘了。

　　俞敏洪说他的班长王强是一个书痴，每次王强买书他都跟着去，王强把学校每个月发的20多块钱生活费一分为二，一半用来买书，一半用来买饭菜票，买书的钱绝不动用来买饭票。后来俞敏洪也把生活费一分为二，一半用来买书，一半用来买饭菜票。

这样，在大学5年期间，俞敏洪差不多读了800多本书。

从北大毕业后，俞敏洪留校当了老师。而且一干就是7年。在北大任教的那段时间，他身边的朋友和同学大多留学到美国或加拿大。虽然俞敏洪心里也有些落差，但却未流于表面。后来，俞敏洪因为自己考过了托福和GRE，就参与了一所民办的讲课辅导，因而被学校严厉批评、记过并在闭路电视上播放，成为校内的知名人物。由于在外面讲课拿到的工资比教书要多，俞敏洪决定离开北大。

在北京冬日的寒风中，俞敏洪是这样起家的：一间10平方米的破屋，一张破桌子，一把烂椅子，一堆用毛笔写的小广告，一个刷广告的胶水桶。北京寒风怒号的冬夜，俞敏洪骑着自行车在北京的大街小巷刷广告。手冻麻了，拿起二锅头喝两口暖暖身子。寒风中喝二锅头贴小广告，这时候的俞敏洪，显出了痞子般的狠劲。

新东方人都有一种电线杆情结，因为新东方是靠老俞在电线杆上一张一张地贴广告贴出来的。曾经因为市政建设，来人要拆新东方外面的两根电线杆，老俞急了，死活不让拆，最后花了7万元才保下那两根电线杆。

教师出身的俞敏洪渐渐显露出他的经商才能，只靠三招，就打下了自己的江山。一是价格战，当时基本收费都在300～400元，俞敏洪只要160元，而且还是在20次免费授课之后，不满意可以不交钱。二是推出核心产品，他赖以成名的"红宝书"——《GRE词汇精选》。三是情感营销，向学生讲人生哲理，进行成功学式的励志教育，再加上他幽默的授课方式，深深地吸引了学生。

俞敏洪认为自己的成功与做过老师有关："老师做企业家是比较容易成功的。因为我们理解人性，知道如何满足学生的要求。"确实，他对学生心理的理解是深刻的，并且充分利用了学生对老师的信任、崇拜心理，而获得别人的信任。

枪打出头鸟。很快，江湖的险恶就让俞敏洪有了深刻体会。俞敏洪的名声响了，招的学生越来越多，但也断了别人的财路。中国的培训市场一直是一个充满杀伐的江湖，地盘的争夺战蔓延到了贴广告的电线杆，先是俞敏洪的广告被对手覆盖，后来当场就给撕了，并把老俞的员工给一刀捅到了医院，对手情急之下使出了狠招。俞敏洪只能求助于公安，为了和公安兄弟拉上关系，俞敏洪豁了出去，一气喝下一斤多五粮液，直接被抬进了医院。

创业路上几多艰辛。此时的俞敏洪，完全没有了北大的书生气。除了他那瘦瘦的身材和厚厚的眼镜，痞子精神附身了，一个企业家的身影渐次清晰。

一个人创业是孤单的。俞敏洪想起了海外的"兄弟"徐小平、王强和包凡一。于是，他不远万里，前去邀请他们回来一起办新东方。他们来新东方，怀着理想主义的激情和对自由的憧憬。靠着这种梁山聚义的草寇方式，借着当时英语学习热和出国热，新东方开始如野草般疯狂生长。

1993~1995年，被俞敏洪称为"个体户"奋斗阶段，"刚开始我一个人当老师，后来周围有几位老师加入，再后来我让老婆把工作辞了，负责报名工作。"

"新东方的第一批团队成员实际上是一批下岗工人，十来个四五十岁的妇女，她们帮新东方管理教室、打扫卫生、印刷资料、处理各种社会关系、帮助服务学生等。第二批重要团队是新东方最初的十几个老师，包括钱坤强、夏红卫、杨继、宋昊、钱永强等人。"

　　"那真是个激情燃烧的岁月，每天大家走进教室拼命上课，走出教室大碗喝酒，到一期班结束后大家就一起分享胜利果实，根据每人的贡献论功行赏。当时发工资还没有银行卡，需要到银行领出大把的现金发放，而且都是10元钱的面值，所以老师们常常用一个大书包把钱开心地背回去……"

　　到1994年，俞敏洪已挣够了学费，可以出国留学了："1994年，我收到了国外的录取通知书和奖学金，但权衡之下还是决定继续办新东方。"因为这时他已发现，新东方的学生，1994年比1993年增加了好几百倍，还有继续增加的趋势。"到1995年年底，新东方学生已有1.5万人了。教学方面在蓬勃发展，而我深感一个人实在力量太有限，太苦、太累、太孤单、太悲伤。我面临选择，要么把新东方关掉，要么把新东方干大，最后我们选择把新东方干大。我跑了一趟美国。"

　　在美国和加拿大，俞敏洪说服王强、徐小平等人回国，这次出国，他又使用了一点儿"小手段"："到了1995年年底，我让他们一起回来干，我给他们典型的刺激是什么？当时中国没有信用卡，我在国内换了整整1万美元的现金，全是100元的大钞，吃饭的时候，我就只能掏现金请他们吃饭，这个给了他们很大的刺激……他们觉得俞敏洪都能做这样的事，那他们回去至少能做得跟我一样好。"

一批名师成就了新东方在留学英语培训市场的地位：徐小平的出国留学咨询，王强的"美式思维口语教学法"，包凡一、何庆权从加拿大带回超凡的英语写作……

在经历过股权改造、ETS风波、"非典"等事件的考验后，16年来，新东方已由一个英语培训学校成了一个具有现代化管理结构的上市公司，办公地点也从小平房发展为一座现代化办公楼并在多个城市设有学校和培训中心，而俞敏洪也由一个只会英语教学的老师成了一位极富传奇的老总。

信念，是一种内心的力量，它牵引着你不停地往某一个方向前进，支撑着你把0.1%的希望变成百分百的现实。爱默生曾说过："只有当人和他的意志相互沟通，融为一体时，这个世界才有驱动力。"作为一种自我引导的精神力量，意志力是引导我们成功的伟大力量。如果你拥有强大的意志力，那么你全身的能量都可以在它的召唤下聚合，从而实现你的愿望。

只要不认输，你就有机会

每当有一批新的学员入校，西点军校总会不厌地向他们强调：一个人不能没有信念，一个军人更不能没有信念。西点的教官们十分注意在平时的训练中对学员强化"一定能成功""任务一定能完成"之类的信念。

西点为什么会将信念看得如此重要，并不厌其烦地向学员强化信念呢？一方面西点相信信念的力量，在西点人看来，如果每一个学员都在心中树立了坚定的信念，并且从不放弃这个信念，就会做出许多优异的成绩来；另一方面西点相信，通过信念在学员心中的不断强化，学员会渐渐变得坚韧自信，产生一种无论如何也要完成任务，赢得胜利的胜利。

如果在46岁的时候，你在一次很惨的机车意外事故中被烧得不成人形，14年后又在一次坠机事故后腰部以下全部瘫痪，你会怎么办？再来，你能想象自己变成百万富翁、受人爱戴的公共演说家、得意扬扬的新郎官及成功的企业家吗？你能想象自己去泛舟、玩跳伞、在政坛角逐一席之地吗？

米契尔全做到了，甚至有过之而无不及。在经历了两次可怕的意外事故后，他的脸因植皮而变成一块彩色板，手指没有了，双腿特别细小，无法行动，只能瘫在轮椅上。

那次机车意外事故，把他身上65%以上的皮肤都烧坏了，为此他动了16次手术。手术后，他无法拿起叉子，无法拨电话，也无法一个人上厕所，但以前曾是海军陆战队的米契尔从不认为他被打败了。他说："我完全可以掌握我的人生之船，那是我的浮沉，我可以选择把目前的状况看成是倒退或是一个起点。6个月后，他又能开飞机了！"

米契尔为自己在科罗拉多州买了一幢房子，另外还买了房地产、一架飞机及一家酒吧，后来他和两个朋友合资开了一家公司，专门生产以木材为燃料的炉子，这家公司变成佛蒙特州第二大的私人公司。

机车意外发生后4年，米契尔所开的飞机在起飞时又摔回跑道，把他的12条脊椎骨全压得粉碎，腰部以下永远瘫痪！
"我不解的是为何这些事老是发生在我身上，我到底是造了什么孽，要遭到这样的报应？"

米契尔仍不屈不挠，日夜努力使自己能达到最高限度的独立。他被选为科罗拉多州孤峰顶镇的镇长，以保护小镇的美景及环境，使之不因矿产的开采而遭受破坏。米契尔后来也曾竞选国会议员，他用一句"不只是另一张小白脸"的口号，将自己难看的脸转化成一项有利的资产。

尽管面貌骇人，行动不便，米契尔却开始泛舟，他坠入爱河且结了婚，也拿到了公共行政硕士学位，并持续他的飞行活动、环保运动及公共演说。

米契尔说："我瘫痪之前可以做10000种事，现在我只能做9000种，我可以把注意力放在我无法再做的1000件事上，或是把目光放在我还能做的9000件事上，告诉大家我的人生曾遭受过两次重大的挫折，如果我能选择不把挫折拿来当成放弃努力的借口，那么，或许你们可以从一个新的角度，来看待一些一直让你们裹足不前的经历。你可以退一步，想开一点儿，然后你就有机会说：'或许那也没什么大不了的！'"

记住，"重要的是你如何看待发生在你身上的事，而不是到底发生了什么事。"

西点校友莱利斯·格罗夫斯准将说："没有人会一帆风顺，任何人都会遭逢厄运。积极地、顽强地坚持能够让你解决任何难题。"

看到这里，也许有人会生疑，信念的力量真的有这么大吗？随便举一个例子就足以说明这一切。

《苦儿流浪记》一书中有这样一段情节：

主人公与几名矿工在工作时遇难了，大家被困在一个狭小的空间里，脚下是无尽的水流，他们所有的，不过就是几盏灯。在这极度恶劣的情况下，他们看起来不是被淹死就是被窒息而死，再不然就是被饿死，总而言之似乎是必死无疑。营救虽然在努力进行着，但是人们都没多大把握成功。而矿井下的情况确实不容乐观，因为好些人都抱着必死的心。他们中有一个人带了表，最后有人提议熄了灯，每隔一段时间让那名矿工报一次时间，大家都休息，节省体力。时间在一分一秒地过去，人们的心也慢慢地被揪紧，但等到营救队到达时，他们竟然奇迹般地存活下来，只有一个人死了，就是那个报时间的矿工。

原来，开始他的确是准时报时间的，但是，当他发现了同伴们的异常后，他便开始了"虚报"，半小时他说15分钟，一小时他说半小时，两个小时他说一个小时……结果其他人都在信念的支撑下活了下来，而那个善良的矿工却被自己的善良给逼死了。

信念的力量是伟大的，它支持着人们生活，催促着人们奋斗，推动着人们进步，正是它，创造了世界上一个又一个的奇迹。一个人，无论遭受多少艰辛，无论经历多少苦难，只要心中怀着一粒坚定的种子，那么总有一天终究会走出困境，让生命重新开花结果。

在西点军校的课堂上，常常会有这样的阐述：在生活中的不幸面前，有没有坚强刚毅的性格，在某种意义上说，是区别伟人与庸人的标志之一。苦难对于一个天才是一块垫脚石，对于能干的人是一笔财富，而对于庸人却是一个万丈深渊。有的人在厄运和不幸面前，不屈服，不后退，不动摇，顽强地同命运抗争，因而在重重困难中冲开一条通向胜利的路，成了征服困难的英雄，掌握自己命运的主人。而有的人在生活的挫折和打击面前，垂头丧气，自暴自弃，丧失了继续前进的勇气和信心，于是，成了庸人和懦夫。

同样，西点学子也非常欣赏古罗马哲学家塞尼卡的一句名言："真正的伟人，是像神一样无所畏惧的凡人。"谁能以乐观不屈的精神对待生活中的不幸，谁就能最终克服不幸。在不幸事件面前越是坚强，越能减轻不幸事件的打击。

而在成长的过程当中，你也难免会有遭逢苦难或挫折的时候，面对困难与挫折，如果你总是用消极悲观的思想来暗示自己，那么你就注定会与失败为伍了。

在人生的旅途上，遭逢失败在所难免，然而，只要你拥有一种积极乐观的心态，只要你拥有一种不服输的劲头，你就永远不会被打倒，你就永远可以自信地重新站起来，去迎接新的挑战。

诚信是一种美德

诚信是人一生最重要的品质。一个员工凭着自己良好的品性，能让企业和同事认可你、尊敬你，那么你就有了一项成就大业的资本，坚守诚信是成就大事的关键。

昌德先生是一个为顾客着想的商人。一次，他向一个职员询问某种新款商品的销售情况，这个职员拿着样品对昌德先生描述着这种商品设计不合理的地方。这时，一个外国的大客户走过来问："你们这儿有没有质量上乘的新东西？"那名职员马上说："是的，先生，我们刚生产出了一种恰好适合您的产品。"他一边说一边把那个不合理商品的样品递给顾客，并专心地向客户介绍这种新产品，使得这个客户决定马上订购一批这样的产品。一旁默默观看的昌德先生却告诫这位顾客要检查好再订货。然后，他让这个年轻人到财务部门结算工资，因为从现在开始他不再是公司的员工了。

为什么会这样呢？因为昌德先生认为：顾客有权知道商品好坏的真相，尽管这样做会给自己的公司带来不好的后果，但任何职员都不得在任何方面误导顾客或者隐瞒商品可能存在的任何缺陷。

故事中的那位职员因为缺少了诚信，只从利益的角度去考虑问题，违背了自己的良心，因此遭到了解雇。这就告诫我们：无论在什么情况下都要坚持诚信，因为它将是你最大的优势和财富。

"绝不损害客户的利益！"这是很多世界500强企业的职业道德标准之一，它就是以提供服务或产品一方的诚实为依托的。没有诚实的品质，这条原则就无法贯彻下去。

诚实是成功的基础。一个社会能够快速奔跑是因为它具有两条强健的腿，一条是"敬业"，一条是"诚信"。

一个人在开始追求自己的事业时，如果能下定决心，将自己的诚信态度当作干事业的资本，做任何事都要求自己不违背诚信的话，那么，即使他不能成就一番大事业，也一定会赢得他人的尊敬。反之，一个在事业征途中失掉诚信的人，不但会遭遇事业的失败，还会遭到众人的唾弃。

伟大的商业游戏需要伟大的诚信，伟大的诚信造就伟大的商业和商人。做人和经商的最高理念、最高规则、最高能力和最高境界是坚持诚信，是至诚至信。做大做强企业的成功法则和制胜之道，也是如此。企业诚信、企业信用、企业形象是企业无形资产的重要组成部分，许多企业都把提升企业诚信、企业信用、企业形象视为扩大企业财富、增值无形资产的投资行为。实践证明：企业信用、企业形象工程是促进企业经济增长和精神文明的有效手段。

本杰明·鲁迪亚德曾经这样说："没有谁必须要成为富人或成为伟人，也没有谁必须要成为一个聪明的人，但是每一个人必须要做一个诚实守信的人。这是为人之道。"

诚信是企业的道德基础。在企业价值观的塑造中，"诚"是企业聚心之魂，"信"是企业立足之本，诚信理念是企业生存的根本。诚信是企业道德经营的必备要义。

同样，在一个企业，需要员工与员工之间，员工和上司之间的诚信。诚信在任何组织中都扮演着关键的角色。例如，对一个长期运作的组织来说，最关键的就是在需要的时候能改变自己，保持竞争力。每一次改变都会遭到质疑，而信任则是让员工能够忍受变化带来的不确定性和痛苦的唯一方法。没有信任就没有合作，没有合作就没有团队，没有团队精神就意味着这个利益共同体迟早要被淘汰。所以，要想成为一名成长在优秀团队中的优秀员工，首先要先懂得信任你的合作伙伴。

一家著名企业在招聘员工时曾发生这样一件事：经过笔试、面谈等层层筛选，几百名应聘者中只剩下不到10人要闯最后一关，这时总经理出场。他并没有过多地考查这些人的专业知识，而是对每个被考察的人都说了这么一句话："你还记得吗？半年前在一个研讨会上，我们已经见过面了，当时你还宣读了一篇报告，写得真不错……"其实，这只是个幌子，总经理本人根本就没有参加过这个研讨会。但是，除了最后一名女孩外，前面所有的人都顺着总经理的竿子往上爬："您一提醒，我想起来了，咱们确实见过面。至于那篇报告，您过奖了，还希望您日后多多指教……"

那位女孩听了这句话没那么回答，她想："总经理肯定认错人了，我从没参加过那个研讨会，他怎么能认识我呢？可是否认吧，当着几位考官，太不给总经理面子了；承认吧，也不合适……"最后，女孩一咬牙，非常从容地回答道："总经理先生，我想您可能认错人了，我当时出差，不可能赶回来参加这个研讨会。非常抱歉，让您失望了……"说完话，女孩礼貌地站了起来，她已不抱任何希望了。但总经理叫住了她："小姐，我通知你明天早上9点来公司报到，正式上班。"事实证明，总经理的决定是正确的。

在接下来的工作中，这个女孩的业绩确实非常突出，后来她晋升为了部门经理。

故事告诉我们，要做到诚实，就要淡泊金钱、名誉等一些充满诱惑力的东西。如果对这些东西孜孜以求，就会泯灭良心。诚实不但能使你求得良心的安稳，也能使你获得他人的信任，帮助你取得事业的成功。

一家公司需要招聘一名为总经理开专车的司机，总经理的同学为他介绍了一名年轻司机。总经理为司机制定的职责中有一条：每天下班都要把车开回公司，放在地下车库里，如有特殊情况要汇报。一次总经理早上很早就要参加一个公益活动，打电话给司机，问司机在哪里，司机回答：在车库，正准备到您家去接您。总经理没有再说话，而是挂断了电话。原来总经理昨晚加班很晚，并没有回家，此刻正在车库，发现车库没有车才打的电话，显然，司机在撒谎。昨晚司机并没有按规定把车开到车库，而是晚上开车出去同朋友玩，最后把车开回了自己家。当司机把车开到车库时，迎来的是总经理严厉的目光。按规定司机被辞退了。

在老板看来，一个人在小事上都靠不住，还能指望在别的事情上可以信赖他吗？一旦受到诱惑，他怎么敢相信这种人不会出卖他，不会出卖公司的利益呢？

做事先做人，一个不讲诚信的员工肯定不是一个敬业的员工，即使平时工作积极主动，一旦受到外界的诱惑，缺乏自律，注定了他将抛弃原则，于是，背叛就成为一种必然。老板永远也不会信任这样的员工，更不要说欣赏与重用了。

勇敢是优秀员工必备的品质

在优秀员工看来，具有勇敢品质的员工在集体利益与个人利益相冲突时，能维护集体利益，表现出无私精神；在正义与邪恶相斗争时，能挺身而出，维护正义，表现出大无畏的气概；在他人遇到困难时，能见义勇为，乐于助人，表现出崇高的道德感情。他们的勇敢不同于鲁莽、粗暴、出风头，往往表现出机智、灵活、沉着、冷静，行为动作具有明确的目的性，并且雷厉风行，说干就干。

西点军校的许多学员都曾表示，在学习过程中的最大收获就是摆脱了懦弱获得了自信，自己变得比以前更勇敢了。

在西点，教官会经常为一些新学员的懦弱、墨守成规、甚至自暴自弃而焦急苦恼。不思进取、成绩落后、缺乏创新、优柔寡断等特征是这些学员的表现。这与迅猛发展、竞争日益激烈的时代特征是不相吻合的。这些西点学员都缺乏"勇敢"这一良好个性品质，是其根本原因所在。在西点教官看来，缺乏勇敢品质的学员，在交往上，服从需要性强，孤僻拘谨，沉默寡言，往往屈从于别人的意志；活动上，不敢出头露面，积极参与，情绪低落，往往缩手缩脚；学习上，不敢奋力进取，力争上游，往往消极应付，容易满足。时间一久，这些表现在各种情境下不断出现，并逐渐地得以固化，使相应的行为方式习惯化，就形成了懦弱、缺乏勇气，思维封闭的性格特征。一旦这种性格形成，必将影响学员的健康成长。因此，西点军校就对此现象非常重视，就把培养新学员的勇敢品质列为了二十二条军规之一。

新学员初到西点军校，从一个未经世面的人，经过西点的培养，后来变成敢作敢为敢于成功的人，因为拥有勇气而产生的这一巨大转变，是与西点的教育密切相关的。在西点看来，勇敢是人具有胆量的一种心理品质。正如歌德所言："你若失去了财产，你只失去了一点；你若失去了荣誉，你丢掉了许多；你若失去了勇敢，你就把一切都失掉了。"勇敢作为一种宝贵的人格品质，对于人的一生非常重要，只有勇敢的人才有可能取得成功。具有勇敢品质的人，一般都有如下特征：

1.开朗直率，敢说敢做

勇敢的人能与人正常交往，没有任何的心理障碍，做事情不优柔寡断、瞻前顾后；学习工作的效率较高；在别人面前，敢于发表自己的观点，受同龄人敬佩。乐于助人，在他人遇到困难时，能见义勇为，表现出崇高的道德感情。他们的勇敢不同于鲁莽、粗暴、出风头，往往表现出机智、灵活、沉着、冷静，行为动作具有明确的目的性，并且雷厉风行，说干就干。

2.意志坚强，勇于进取

勇敢的人在困难面前，比一般的人显得顽强得多。有个西点学员曾经在日记中写道："摔倒了并不可怕，可怕的是摔倒后不能爬起来；惊涛骇浪不可怕，可怕的是在惊涛骇浪面前失去了镇定。要知道，在希望与失望的决斗中，如果你用勇气去面对挑战，那么胜利必属于希望。"这是一位西点军校的学员小时候写的，可以看出他在学习、生活的困难面前所表现出的顽强勇气。

3.富于激情，敢于创新

具有勇敢品质的人，往往不满足于已有的知识、成绩、现状，不墨守成规；他们的思维总是处于兴奋、活跃状态，善于抓住新的知识，归纳出自己独特的见解。

　　要向西点学员学习，作为未来世界的主人，就需要具有勇者的气质，敢于面对一切强手，具有无所畏惧不屈不挠的心理素质和竞技状态。

　　胜利只属于那些意志坚定、永不动摇的人们!

　　现在，许多大公司的人力资源部流行组织员工参加"拓展训练""定向运动""野战军事训练营"，这些团队建设的培训项目，其实就是模拟西点军校的"野兽营"、为了培养员工挑战极限的信仰与勇气、克服困难的激情与毅力、不屈不挠的斗志、善于合作的团队精神、服从大局的责任感和牺牲精神、面对不确定因素的心理承受能力和应变能力。

只要勇敢就不恐惧

西点军校深知勇敢是多么的重要。西点通过一系列军事训练、体育活动，包括冒险的"生存滑降"等，不断激发学员的内在勇敢，使他们能够在战争需要的紧急关头无所畏惧地冲上去。同时，在文化教育过程中，西点着重智力开发、思维训练，不断提高学员认识问题的层次，使他们在有胆中有识，在有识中增胆。

在西点学员训练营，每一项管理技能都是逐渐学会的，包括克服恐惧。他们经常进行信心训练课程，虽然只是训练，但其强度之大，以至于和平时期的西点学员无意识地就变成了老兵。

这些训练除了能增强学员胆魄以外，西点还确保不让学员们失望。学员们知道他们在战斗中会得以各种物质支持。虽然弹药、食品和水很快就会被消耗殆尽，但是大型运输机和直升机很快就会向他们重新提供。

西点的高度临战状态也培养了他们不畏惧困难的勇气。西点学员不断被灌输，他们是打响战斗的第一人。在训练动员时，军官就全球范围内纠纷频繁的地区所作的简要通报以及反恐训练，形成了一种高度戒备状态。因此，当西点学员知道自己很快就要参战时，心里反而并没有那么恐惧。

说实话，世上没有什么事能真正让人恐惧，恐惧只是人心中的一种无形障碍。不少人在碰到棘手的问题时，就会设想出许多莫须有的困难，自然就产生了恐惧。其实，遇事如果能大着胆子去做，往往会发现事情并没有想象的那么可怕。

恐惧是我们的大敌，它会找出各种各样的理由来劝说我们放弃。它还会损耗我们的精力，破坏我们的身体。总之，它会用各种各样的方式阻止人们从生命中获取他们所想要的东西。

真正成功的人，不在于成就大小，而在于你是否努力地去实现自我，喊出自己的声音，走出属于自己的道路。大文豪萧伯纳说过："困难是一面镜子，它是人生征途上的一座险峰。它照出勇士攀登的雄姿，也显示出懦夫退却的身影。"一个人无论做任何事情，要想获得成功，就必须有面对各种苦难的勇气，必须正视出现的挫折与失败。只有那些具有勇气的人，才不会被种种困难所带来的恐惧所吓倒，才能真正实现超越自我的目标，达到希望的顶峰。

格兰特曾在维克斯堡战役中经历两次失败，但他没有气馁，而是再次进行了精心策划。他在仔细地研究过地图，聆听过大家谈论后，对部下说出了再次攻打维克斯堡的意图，大多数人都反对，认为他的计划太冒险了，这个计划会毁掉北方军打胜这场战争的全部可能性。但是，格兰特还是出兵密西西比河西岸，从维克斯堡城经过。他让部队在城南登上炮舰渡河。部队在东岸登陆，在司令官的催促下，向内陆进发。为了闪电般地进军，任何非必需品都不准携带。格兰特只带了一把梳子和一柄牙刷，没有替换的衣服，没有毯子，甚至连坐骑也没有。军队从维克斯堡南面向内陆进发。格兰特在城北的活动麻痹了南方军，他们不明白他在要塞南面登陆的用意。南方军指挥官急忙南下，想摧毁格兰特的给养线，却发现根本不存在什么给养线。这是因为因格兰特违背了一条基本的作战原则，那就是进攻部队的活动不能脱离掩护得很好的给养基地。格兰特完全不受条条框框的约束，他以这片土地为给养基地，一边前进，一边就地征集他所需要的食物和马匹等。

正是这场战役的胜利，改变了南北双方力量的对比，也是使北方走向胜利的转折点。

由此可见，勇气引领人生！一个丧失了勇气的人无异于丧失了一切。英国有句谚语说得好："失去勇气的人，生命已死了一半。"可见勇气在人的一生中对人成长、成功的重要性！

在职场中，一名优秀的公司管理者，魄力与胆识是必不可少的素质，同时还要果断地抛弃恐惧。恐惧是一个很好的导师，恐惧使人不再矫揉造作，不再虚张声势自以为英勇；恐惧使人赤裸裸地面对自己最好和最坏的一面。

今天不能够控制自己的恐惧，那么将来置身于危险中，风险会更大，除非你能够面对你的恐惧，否则恐惧会永远如影随形，永远限制着你的发展和成就。

每一位公司管理者都需要冒险。风险越高，管理者的情绪越接近恐惧。要训练自己在重要关头能够处理恐惧，最好的办法是在恐惧的情境下练习克服恐惧。他们必须学会面对恐惧，了解恐惧，同时体会如何因为恐惧而产生的压力。唯有如此，才能确保在最需要冷静行事的关键时刻，不会因为恐惧而瘫痪。

所以，直面恐惧，勇敢地面对危险更是管理者应有的一种基本素质。

诚实的力量

　　诚实是人生的命脉，是一切价值的根基，是一种心灵的开放。在人际交往中，要想让更多的人喜欢你，诚实是最可靠的方法，是你能够使出来的"最大的力量"。

　　在生活中，我们不难发现，那些有一定成就的人未必是才华横溢的人，但大多数都是真诚的人。因为真诚的人往往有很多朋友，朋友多了，自然有利于事业的发展。人们也愿意与真诚的人长期合作，因为不用担心上当受骗。从这个层面上讲，相比起一个不讲信用的人，一个真诚的人距离成功更近。

　　这是一个关于真诚的故事。

　　某一个下雨天的下午，有位老妇人走进匹兹堡的一家百货公司，漫无目的地在公司内闲逛，显然是一副不打算买东西的态度。大多数的售货员只对她瞧上一眼，然后就自顾自地忙着整理货架上的商品，以免这位老太太去麻烦他们。其中一位年轻的男店员看到了她，立刻热情地向她打招呼，很礼貌地问她，是否有需要他服务的地方。这位老太太对他说，她只是进来躲雨罢了，并不打算买任何东西。这位年轻人安慰她说，即使如此，她仍然很受欢迎，并且主动和她聊天，以显示他确实欢迎她。当她离去时，这名年轻人还陪她到街上，替她把伞撑开。这位老太太向这名年轻人要了一张名片，然后径自走开了。

后来，这位年轻人完全忘记了这件事情。但是，有一天，他突然被公司老板召到办公室去，老板向他出示了一封信，是位老太太写来的。这位老太太要求这家百货公司派一名销售员前往苏格兰，代表公司接下装饰一所豪华住宅的工作。

这位老太太就是美国钢铁大王卡耐基的母亲，她也就是这位年轻店员在几个月前很有礼貌地护送到街上的那位老太太。

在这封信中，卡耐基的母亲特别指定这名年轻人代表公司去接受这项工作。这名年轻人如果不是曾好心地招待了这位不想买东西的老太太，那么，他将永远不会获得这个极佳的晋升机会。

店里那么多人，为什么只有那位年轻人得到了这个机会？原因其实很简单，他付出了别人没有的真诚。当大家看到走进店里的是一位不打算购买东西的老妇人时，都不愿意前来问候她，而那位年轻人没有像他的同事一样，而是给予了老妇人真诚而热情地问候。人心都是肉长的，老妇人感受到年轻店员的真诚与善意，因而采取了一种令人惊喜的方式作为对他的回报。

作为一个员工来讲，只要你具有诚实和正直的品质，就可以让你的顾客、老板放心与你交往，如果他们认为你是诚实、正直的，他们就会无条件地接纳你。

享誉美国的道格拉斯飞机制造公司也是靠"诚实"取得成功的。在公司初创时，公司老板唐纳德·道格拉斯十分希望东方航空公司能够购买他制造的首架喷气式飞机。因此，他前去拜访东方航空公司当时的总裁雷肯巴克。雷肯巴克告诉他这种新型的DC-8型喷气式客机能够同波音707抗衡，可是道格拉斯的喷气式客机同波音707一样，噪声都太大。因此，雷肯巴克说假如道格拉斯能保证降低噪声，他就能够击败竞争对手而取得订购合约。

这笔生意对道格拉斯而言相当重要，如果能同东方航空公司签署订购合约，他在生意场上能马上争得一席之地；反之，如果难以取得订单，或许就表明他将从此销声匿迹。道格拉斯同工程师经过一番认真的研究讨论后，再次去见雷肯巴克，第一句话说的是："老实说，我不能确保把噪声降低。""我也不能，"雷肯巴克说，"但我希望知道的是，你是不是可以对我诚实无欺。"接着，这位总裁郑重地告诉道格拉斯："你现在得到了16500万美元的订单，请着手生产飞机，并试着把引擎的噪声降低。"

　　道格拉斯正是凭借着"对人诚实不欺"的美名才把他的公司创办起来了，也是靠这一"秘诀"他才得以把事业推向成功。

　　任何事业要成功都需要持之以恒，同样，要获得别人的信任也是如此。以诚取信靠的是长期言而有信的好名声，而毁坏它是轻而易举的事，所以你必须警惕，一个人一旦失信于人一次，别人下次再也不愿意和你交往了。而如果你凭着自己良好的品性，能让别人在心里默认你、认可你、信任你，那么你就有了一项成功者的资本。